융합과 통섭의 지식 콘서트 02

건축, 인문의 집을 짓다

건축,
인문의
집을 짓다

융합과
통섭의 지식 02
콘서트

양용기 지음

한국문학사

차례

Chapter 1

인간을 위한 건축,
융합으로 아우르는 종합학문

건축은 인간에게 제2의 피부 · 인간 · 자연 · 건축, 생존의 삼각관계 · 건축의 구성요소, 바닥 · 벽 · 지
붕 · 건축의 형태와 구조는 목적에 맞아야 한다 · 건축물에 생명을 부어주고 겉옷을 입혀주는 설비
와 마감 · 건축은 건축주 · 설계자 · 시공자의 3중주 화음 · 건축은 기능과 미를 아우르는 종합예술 ·
이상과 현실 사이에서 시대를 반영하는 건축

Chapter 2

건축에 반영된 미술사,
미술사에 반영된 건축

건축, 역사의 흐름 속에서 미술과 함께하다 · 고대, 감성의 눈으로 건축과 미술을 보다 · 중세, 신이
건축을 지배하다 · 르네상스, 인간의 건축으로 부활하다 · 근현대 미술과 건축, 모더니즘을 열다 · 사
실의 가치를 중시한 자연주의 · 사실주의 · 이상주의 · 아츠 앤 크래프츠, 아르누보, 유겐트스틸 · 아
방가르드, 전위를 꿈꾸다 · 다다이즘, 관습과 형식을 의심하다 · 표현의 가능성을 연 입체파 · 표현주
의 · 미래파 · 포스트모더니즘의 출현, 경계를 해체하다

들어가며

    청소년 시절 나는 여행을 참으로 많이 다녔다. 단순히 여행을 위한 여행이 아니었고, 때로는 정신적 방황에서 오는 답답함을 여행으로 풀었던 것 같다. 기차를 타고 가다 창밖의 풍경이 눈길을 끌면 무작정 다음 역에서 내려 기차가 왔던 역방향으로 다시 걸었다. 그러나 그 머릿속에 있던 풍경을 온전히 다시 만나는 일은 드물었다. 그런데 창밖의 건축물들을 바라보다가 내렸을 때는 달랐다. 거슬러 올라가면서 그 건물들을 찾아 걸어갔는데, 이미 창밖을 통해 건축물을 보았던 그곳은 대부분 기억에 생생하게 남아 있었다. 건축물이 이정표 역할을 했던 것이다.

    그런데 나는 그 여행 중 건축에서 무엇을 보았을까? 당시에 나는 아주 초보적인 수준에서 건축을 보았을 뿐이었다. 사람들은 자신의 지식과 경험을 바탕으로 사물을 이해하고 판단하는 경향이 있다. 이것은 전문가도 마찬가지다. 건축을 한다고 건축에 관한 지식만이 필요한 것은 아니다. 이는 모든 분야에 다 적용되는 말일 것이다. 초보적인 수준에서는 그 분야의 지식이 주를 이루지만, 다른 분야와 연계성을 지닌 지식을 갖는다면 훨씬 더 깊고 체계적으로 이해할 수 있기 때문이다. 나의 경우도 대학에 들어와 건축을 전공하고, 그 후 건축과 연계된 다른 학문을 접하면서, 그리고 사회에 나와 수많은 건축 현장과 다양한 삶을 조우하면서 건축을 종합적으로 바라보는 시각이 훨씬 깊어지고 확장됨을 경험했다.

우리는 건축을 단지 집 짓는 행위라고만 생각할 수도 있지만 결코 그렇지 않다. 건축을 종합예술이라고 하는데, 이는 건축이 다양한 학문 분야와 연계되어 있다는 말이다. 건축물이 완성되려면 1차적으로 구조와 물리, 그리고 설계 등의 공학적 지식이 필요하다. 그러나 이는 건축물에 작용하는 수많은 과정 중 가장 초기 단계로서, 건축물이 지어지는 과정에서는 본격적으로 보다 많은 요소들이 개입하기 시작한다. 바로 과학적인 기술, 사회적 성향, 경제성, 그리고 그 시대의 철학과 예술 및 문화 등이 그것들이다.

이렇듯 건축에 여러 부문이 반영되는 것은 바로 건축이 '인간을 위한 공간'이기 때문이다. 인간은 생활하면서 공간의 영향을 지속적으로 받는다. 그런데 이 모든 것이 인간에게 긍정적인 영향을 미쳐야 하므로, 우리는 과거에 지어진 건물과 도시를 연구함으로써 현재의 건축을 설계하고 건축의 미래를 준비하고자 노력한다. 이를 위해서는 무엇보다 인간을 이해하는 데 필요한 다양한 인문학적 지식이 밑바탕에 깔려 있어야 한다. 이는 건축이 공학을 기본으로 하면서도 다른 학문, 특히 인간의 조건에 관해 탐구하는 인문학과 불가분의 관계를 가질 수밖에 없는 이유로 작용한다.

이러한 건축에 대한 기본 전제를 이 책에 가능한 한 담으려고 노력했다. 제1장 '인간을 위한 건축, 융합으로 아우르는 종합학문'에서는 건축을 종합적으로 바라보는 시각을 보여주고자 했다. 인간에게 제2의 피부 역할을 하는 건축물, 이것이 바로 건축물의 1차적인 기능임을 확인함과 동시에 건축에 관련된 모든 행위가 서로 간의 소통과 종합적인 이해에서 시작됨을 보여주었다. 우선 과정에 참여하는 건축주 · 설계자 · 시공자가 조화롭게 어우러져야 하고, 모든 작업에 인문학을 포함해 인간의 온갖 학문이 동원되는 종합예술임을 보이며, 또한 이상을 추구하지만 현실에 뿌리를 굳건히 내려 조화를 이룸으로써 건강한 건축이 탄생함을 강조했다.

제2장 '건축에 반영된 미술사, 미술사에 반영된 건축'에서는 건축의 역사는 예술의 역사이자 인간의 역사라는 인식하에, 특히 건축이 다른 어떤 예술 장르보다 미술과 함께 발전해왔음을 포착함으로써 미술의 흐름이 건축에 어떻게 반영되었는지, 또는 당대의 건축이 미술양식에 어떤 영향을 끼쳤는지를 살펴보았다.

제3장 '도시를 창조한 건축, 사회를 이해하는 척도'에서는 서로 영향을 주고받는 건축과 사회의 관계를 조망했다. 특히 산업화 과정에서 대도시의 고층건물들은 산업의 최전방 역할을 하고 있음을 보여주었다. 그리고 기술이 뒷받침된 IQ 높은 건축물이 사회적으로 우선순위를 차지하는 환경에서도 인간에 바탕을 둔 합리적 가치를 담아내는 건축의 사회적 책무도 지켜나가야 함을 역설했다.

제4장 '과학에 바탕을 둔 건축, 미래를 준비하는 첨단과학'에서는 건축과 과학의 긴밀한 연관성을 알아보았다. 가장 큰 에너지 소비원인 건축이 과학의 급속한 발전으로 더욱 과학의 힘을 빌릴 수밖에 없음을 밝혔다. 특히 IT의 발달은 건축물에 지능을 더해주는 스마트한 건축을 탄생시켰지만, 인간을 담는 공간으로서의 건축의 의미를 기억하는 것이 미래 건축의 과제임을 강조했다.

제5장 '철학·미학·심리학적 질문으로 완성되는 건축'에서는 철학·미학·심리학이 모두 건축의 근간이 되는 정신적인 영역의 한 부분으로서 건축에 끊임없이 영향을 미쳤음을 살펴보았다. 건축을 향해 철학적

물음을 던지면서 발전을 꾀하고, 미학을 통해 한층 아름다운 건물로 태어나고, 심리적인 교감을 주고받으며 완성도 높은 건물로 거듭나게 됨을 보여주었다.

그리고 마지막 제6장 '문화 전달자로서의 건축, 건축의 상징을 녹여내는 영화'에서는 문화 수행자 또는 전달자로서의 건축을 들여다보고, 영화와 건축의 접합점을 찾아봄으로써 건축을 보다 깊이 있게 이해할 수 있도록 했다.

이렇듯 이 책은 건축에 대한 기본적인 개념과 함께 건축에 관련된 학문들, 특히 인문학적 지형도를 폭넓게 살펴보는 데 중점을 두었다. 그래서 이 책이 건축에 관심을 가지기 시작한 청소년들에게, 또는 건축의 기본적인 지식을 익혔지만 더 심도 있게 공부하고자 하는 건축학도들에게, 그리고 건축을 종합적으로 바라보고자 하는 일반인들에게 하나의 길을 보여주는 역할을 할 수 있기를 바란다. 그리고 의식주의 하나로서 오랜 시간 같이해온 건축물을 우리 삶의 중요한 동반자로 이해하는 데 얼마간 도움이 되기를 바란다. 아울러 건축을 통해 풍부한 인문학적 상상력이 발휘되기를 소망해본다.

끝으로 이 책을 완성하는 데 아낌없는 수고를 해준 한국문학사와 그 출판부에 진정한 감사를 드린다.

2014년 1월
안산에서 양용기

chapter 1

인간을 위한 건축,
융합으로 아우르는 종합학문

──다른 생물체에 비해 신체적으로 약한 인간은 그 단점을 보완하기 위해 보호막과 같은 건축물을 필요로 한다. 따라서 인간과 자연 사이에 건축물의 역할은 매우 중요하다. 즉 건축물은 인간에게 제2의 피부 역할을 하는 것이다. 인간을 만족시키는 건축물, 이것이 바로 건축물의 1차적인 기능이다. 그러나 인간의 오만함이 극에 달해 마치 자연 없이도 살아갈 수 있을 것 같은 착각을 준 것 중의 하나가 건축이다. 오히려 인간은 자신들의 이익을 위해 자연에 역행하고 자연을 파괴하며, 스스로 자연의 천적이 되어가고 있다. 그러나 건축은 자연을 파괴하고 변형해서는 안 되며, 자연과 조화를 이루어야 한다.

또한 건축은 그 과정에 참여하는 사람들인 건축주·설계자·시공자가 하나가 되어 서로 소통하며 조화롭게 어우러져야 한다. 그리고 건축은 학문적으로도 다른 영역과 조화를 이루며 발전해왔다. 건축의 분야를 크게 나누면 기술과 예술이지만, 이 과정에서 행해지는 작업에는 인문학을 포함해 인간의 모든 학문이 동원된다. 그래서 건축을 종합예술이라 한다. 또한 건축은 현실과 이상 사이의 조화를 추구한다. 이상을 추구하지만 현실에 뿌리를 굳건히 내린 건축을 지향한다.

이렇듯 건축은 인간과 자연, 건축에 참여하는 작업자들, 다른 학문과의 관계, 이상과 현실 사이에서 끝없는 대화를 통해 조화를 추구한다. 이로써 건강한 건축이 탄생하는 것이다.

건축은 인간에게
제2의 피부

건축이란 무엇인가?

        "건축이란 무엇인가?" 이러한 물음은 너무도 통속적이고 상투적인 대답을 요구하는 질문이 될 수도 있다. 그럼에도 이 질문을 던지는 이유는 그 대답이 계층마다, 경험마다, 지식의 양에 따라서 다르기 때문이다. 옛날에는 그러한 질문이 불필요했을 것이다. 여기서 옛날이라 함은 건축이 무엇인지 전혀 궁금해하지 않았을 때를 말한다. 즉 건축이 무엇이든 기본적인 기능만 만족하면 되던 시대였을 것이다.

그렇다면 건축의 가장 기본적인 기능은 무엇일까? 이것이 건축에 대한 질문의 시작이다.

건축이 우리에게 필요한 이유는 자연으로부터 보호를 받기 위함이다. 태어나면서부터 바로 환경에 적응하는 능력을 가진 다른 생물체에 비해 인간은 자립적인 생활의 형태를 유지하기 위해서 많은 시간을 필요로 했다. 또한 다른 생물체는 자연의 변화에 대응할 수 있는 신체를 갖고 있는 반면 인간은 다른 매개체를 필요로 했다. 그래서 인간과 자연 사이에 건축물의 역할은 아주 중요하다. 즉 건축물은 인간에게 제2의 피부 역할을, 인간의 보호막 같은 기능을 하는 것이다. 이러한 기능들이 인간에게 필요한 건축물의 역할이다. 인간을 만족시키는 건축물, 이것이 바로 건축물의 1차적인 기능이다.

그렇다면 인간에게 제2의 피부와 보호막이 되어주는 건축물은 어떤 성격을 가져야 하는가? 제2의 피부는 인간이 원하는 경우에 곧 자연과 인간을 분리시키는 역할을 만족시켜야 한다. 그러나 이 기능을 건축물에 부여하는 것 자체가 초창기 인간에게 쉬운 일은 결코 아니었다. 아마도 처음 건축물을 필요로 했던 인간들은 완전히 본능적인 욕구만을 채우는 데 그 목적이 있었을 것이다. 그 본능적인 욕구는 가장 기본적인 욕구로서, 발생하자마자 곧바로 해소할 수 있는 것들이었다. 이는 준비와 학습 없이 대처해나가는 것으로, 그 기술은 매우 원시적이었다.

그러나 인간의 욕구는 점점 더 다양해지고 복잡해져갔다. 그러다 보니 신체적인 약점을 보완하기 위한 수단으로 출발한 건축물도 그에 맞게 여러 가지 기능을 새로이 담당해야 했다. 그러면서 건축물도 점차 진화하는 과정을 거치게 되었다. 이로써 스스로 보호막을 만드는 인간의 능력은 다른 생물체가 갖고 태어나는 신체적인 장점과 맞먹는 수준으로 향상되었다. 다른 생물체들이 스스로 갖고 태어나는 능력은 사실 인간에 비하면 장점으로 보일 수도 있지만 달리 보면 커다란 단점으로 작용했다. 자연의 변화 속도에 따라 적절히 대응해온 다른 생물체들의 능력은 지금까지 크게 달라지지 않았기 때문이다.

그러나 인간의 신체적인 한계는 자연의 변화와 관계없이 의지만 있으면 무언가를 창조해내는 장점으로 나타나게 되었다. 이 장점은 인간으로 하여금 계절에 대처하는 능력을 가지게 했고, 또한 정착할 수 있는 생활습관을 갖게 했다. 그리고 이 능력은 인간을 자연으로부터 분리 · 독립시키는 중요한 요소로 작용하기도 했다. 즉 인간은 건축물을 통해 단점을 장점으로 바꾸는 존재로 변화한 것이다. 이로써 건축물의 역사가 곧 인간의 역사가 되었다.

진화하는 건축

건축물이 다양한 형태로 존재하게 된 데는 건축가의 의도가 크게 작용했지만 먼저 주목해야 할 것은 환경이다. 건축물이 어떤 환경을 갖는가에 따라서 그 형태가 많이 달라질 수 있기 때문이다.

그림 [1-1]은 초기 원시인들이 밀림에서 자연스럽게 생활하는 모습이다.(1-1) 동굴이 아닌 숲 속에서 군락을 이루고, 위협적인 신호로 불을 피워 연기를 보내며 안전을 꾀하고 있는 모습이 보인다. 숲은 다양한 재료와 식량을 얻을 수 있고, 바닥 깔개 재료로서 적당한 것들을 충분히 가지고 있다. 동굴의 딱딱한 바닥 재료에 비하면 숲은 쾌적한 안락함을 제공하는 장소다. 즉 건축물에서 가장 중요한 요소 중의 하나가 바닥인데,

이는 우리 몸에 직접적으로 영향을 주기 때문이다. 그래서 초기 원시인들은 동굴보다는 동굴 밖을 더 선호하게 되었고, 숲 속에서 무리지어 살았을 것이다.

1-1 | 원시 밀림에서의 생활을 묘사한 그림. 비트루브(Vitruv), 1547, 프랑스.

그림 〔1-2〕는 아직까지도 원시인들의 생활 형태를 엿볼 수 있는, 카메룬(Cameroon)의 마을 형태의 평면도와 입면도다.(1-2) 마을의 출입구는 남쪽으로 향해 있고, 동일한 거리를 유지할 수 있는 원형의 형태로 군락을 이루고 있다. 남자들은 입구 부분에 머물고, 여자들의 숙소가 나머지 경계를 이루면서 중앙에 곡물창고가 모든 여자들의 영역에서 근접할 수 있는 거리에 배치되어 있다. 부엌이 각 여자들의 숙소 사이에 배치되어 있는 것으로 보아 균등한 배분과 공동체적인 역할이 잘 이루어진 것으로 판단된다.

원시인들은 주로 동굴에 거주했을 것이라고 생각하기 쉽다. 이는 세계 곳곳에서 동굴벽화가 많이 발견되었기 때문이다. 그러나 동굴 바닥의 기능은 만족할 만한 수준이 아니었다. 동굴은 큰 동물을 피하기에는 안성맞춤이지만 장기간 머물기에는 바람직하지 않았다. 피난처로서 집은 안전하지는 않았지만 인간은 집이 제공하지 못하

1-2 | 카메룬의 마을 형태. 평면도(왼쪽)와 입면도(오른쪽).

는 기능을 찾아냈다. 그것이 바로 불이다. 그렇기에 인간은 왜소하나마 군락을 이루어 집단행동을 하면서, 힘을 가진 존재로 살아갈 수 있었다.

이와 같이 사람들이 무리를 지어 숲 속에서 사는 것과 일정한 집을 짓고 사는 것 사이에는 많은 차이가 보인다. 즉 선사시대에서 역사시대로 넘어가는 과정에서 바로 집이 등장하는데, 집을 지었다는 것은 정착생활이 시작되고 가족이 형성되었음을 의미한다. 그 이전 무리를 지어 생활하던 구석기시대에는 가족 개념보다는 하나의 우두머리 밑에 속한 집단생활 형태였다. 이러한 구조에서는 개인적인 소통보다는 집단적 소통이 우선시되었고, 이는 우두머리의 권력이 매우 중요했다는 것을 의미한다.

그러나 집의 등장으로 가족이 형성됨으로써 집단 중심에서 개인 중심으로 넘어가는 과정을 겪게 되었다. 이는 곧 소통의 문제와도 직결되어 언어의 필요성이 크게 증가했다. 물론 집을 형성하는 초기 단계에는 집단으로 모든 것을 해결하려는 경향이 지속되지만, 한편으로 개인의 생활이 필요하다는 욕구도 점차 증대되었다.

예를 들어 암사동에서 발견된 움집을 살펴보자.(1-3) 집을 짓지 않고 숲 속에서 무리 지어 생활할 때는 모든 일을 집단적으로 해결했기 때문에 개인의 의무감이 크게 작용하지 않았을 것이다. 특히 숲 속에서 생활한다는 것은 이동할 준비를 하고 있다는 것이며, 이는 안정적으로 식량을 얻는 방법이 불완전함을 의미한다. 그러나 집을 지음으로써 식량 문제를 해결했다는 사실은 암사동의 위치가 강과 가깝다는 점에서 쉽게 추측할 수 있다. 앞에서 나온 카메룬의 주거지를 보면 암사동의 것과 크게 다르지 않다. 암사동의 집 형태도 움집이 개별적으로 있지만 전체적으로는 모여 있어 공동체 생활을 하고 있었음을 알 수 있다.

　암사동 움집은 발견된 것 중에서 최초의 집이지 우리나라 최초의 집이라고 말할 수 없다. 그 이유는 입구의 형태, 집 가운데 놓여 있는 화덕, 사냥해온 것을 걸어놓는 장소, 연기가 빠져나가는 천장 등이 선사시대 최초의 집으로 여기기엔 너무도 발달한 구조를 갖고 있기 때문이다. 특히 움집의 뼈대 구조는 상당히 진화한 것으로, 나무에 볏짚을 얹어 만든 초기 구조보다 뛰어난 것임을 보여준다. 특히 입구에 문을 이루는 프레임 구조는 상당히 정교한데, 이것이 후에 석조건물에도 나타난다.

　집 구조의 발달 과정을 보면 초기에 숲이나 동굴에 무리 지어 살다가, 쉽게 얻을 수 있는 나무나 자연적인 구조를 이용해 집을 짓고, 그 다음 암사동 움집 같은 구조로 발달한 뒤, 석조로 전개되는 것이 일반적이다. 이러한 과정을 보았을 때 목조에 속하는 암사동 움집은 초기보다는 더 발달된 형태라는 것을 알 수 있다. 여기에서 더 발달해 움집의 공간이 점차 여러 개로 나누어지게 되는데, 기능적인 영역으로 구분되는 것은 그 다음 단계다.

인간 · 자연 · 건축,
생존의 삼각관계

인간과 건축

       우리가 하루를 살면서 가장 많이 접하는 것이 건축 공간이다. 그런데 건축의 영역은 다른 분야에 비해 우리의 삶 속에서 많은 영향을 미치고 있음에도 불구하고 어려운 분야로 인식되고 있다. 규모 면에서 그 결과물을 개인이 갖고 다닐 수 있는 것도 아니고, 변경될 가능성도 낮으며, 오랜 기간을 요구하는 작업이기 때문에 쉽게 다가가지 못했을 것이다.

건축물은 자연으로부터 인간을 보호한다는 기본적인 취지에서 출발했음에도 그 기능이 발달하면서 또 다른 의미로 인간에게 다가오고 있다. 이는 비단 건축뿐 아니라 모든 분야에서 나타나는 현상으로, 인간은 기본적인 욕구에 만족하는 다른 동물과 성향이 다르기 때문이다. 이 성향이 모든 분야의 발달을 요구하는 계기가 되었으며, 건축도 점차 복잡해지는 모습을 보이고 있다.

1-4 | 건축가의 스트레스를 표현한 카툰.

인간들의 욕구에서 시작된 이러한 영향은 이를 충족시켜야 하는 건축가에 대한 신뢰를 위협하는 요인으로 작용하고 있다. 인간들의 욕구는 점차 구체적인 것에서 추상적인 것으로 발달하고, 따라서 결과를 구체적으로 보여줘야 하는 기술자의 능력은 신뢰를 잃는 데 한몫하고 있다. 건축물을 만들던 초기에는 건축주와 건축가 사이의 의사소통에 문제가 될 만한 사항은 많지 않았을 것이다. 오히려 건축가가 더 많은 정보를 제공하는 위치에서 작업을 할 수 있었다. 미디어의 발달은 인간에게 정보를 공유하고 습득하는 데 도움을 주지만, 그 정보가 신뢰할 만한 것인지 검증하기도 전에 기술자에게 전달되어 오히려 어려움을 초래하기도 한다.(1-4)

건축물은 기본적인 환경에 적응하도록 만들어졌다. 그러나 이는 건축 작업에서 경제적인 문제 등 예상하지 못한 장애에 부딪히면서 초기 의도와는 다르게 나타나기 쉽다. 결과적으로 발생할 수 있는 여러 조건이 제거되고, 그 상황에 가장 적합한 조건에서 마무리되는 것이다.

이러한 이유로 작업 방법도 계속 발달되었고, 건축에도 이 같은 현상이 적용되었다. 과거에 수작업을 통해 진행되던 작업은 컴퓨터와 기계를 통해 더욱 빨라지고, 좀 더 정교한 작업을 할 수 있게 되었다. 이로써 인간이 건축에 요구하는 조건을 더욱 충족시키게 되었으며, 그에 맞춰 그 조건도 더욱 세분화되었다. 과거에는 건축에 기대하는 조건이 그렇게 복잡하지 않았고, 인간 사회에서 건축의 역할도 그리 크지 않았다. 그러나 인간은 보다 복잡해지는 작업에 맞춰서 건축이 인간 사회에서 담당해야 할 새로운 역할을 부여하기 시작했다.

인간과 자연

건축에서 자연은 건축의 정체성을 논할 만큼 중요한 존재다. 건축의 발달은 곧 자연과의 싸움이다. 완벽한 내부를 구성하기 위한 목적으로 건축은 시작되었다. 이는 건축의 가장 기본적인 목적이며, 이를 완성해야 그 다음 단계가 완전해지는 것이다. 그렇다면 인간은 왜 완벽한 내부를 구성하려 했는가? 인간은 왜 자연으로부터 경계선을 만들려고 했는가?

인간은 자연으로부터 모든 것을 얻는다. 그러나 자연은 동시에 인간에게 많은 시련을 안겨주는 존재이기도 하다. 특히 다른 생물체에 비해 신체적 약점을 지닌 인간에게 비, 바람, 추위, 더위 등은 견디기 힘든 요소였다. 인간에게 자연은 험난한 세계일 수밖에 없었다. 자연은 감히 범접할 수 없는 존재였고, 신과 같은 존재로 종교적인 의미도 갖고 있었다. 이러한 자연 앞에서 무력함을 느끼게 된 인간은 자신들만의 공간을 필요로 하게 되었고, 이를 가능하게 한 것이 바로 건축이다. 건축으로 인해 인간은 자연으로부터 자신을 보호하고, 신이 자연을 지배하는 것과 같은 능력을 갖게 되었다.

자연을 숭배하던 인간들은 곧 절대자를 봉헌하는 종교에 의지하게 되었고, 점차 능력이 확장되면서 스스로 독립적인 존재로 거듭나게 되었다. 이는 타고난 능력이 아니라 과학과 문학 등의 학문을 통해 만들어진 능력으로서 인간의 생활을 자연과 분리하는 속도를 더 가중시켰다. 오랜 기간 자연에 익숙해졌던 인간의 생활은 점차 자연의 지배를 거부하게 되었고, 문명이라는 기술로 부족한 부분을 채우면서 독립적으로 존재하기 시작했다.

건축은 인간이 자연의 일부가 아니라 자연과 동등한 위치로 가고자 하는 의지를 보여주는 데 일조했다. 이를 잠시나마 멈춘 것이 뉴타임(new time) 시대의 매너리즘(mannerism)이었다. 과학의 힘을 빌려 강대해졌던 인간이 자연 앞에서 무력함을 느끼고, 자연을 인간의 삶 가까이 두려고 시도했던 것이다.

건축은 인간을 자연으로부터 고립시키고, 독립적인 공간을 제공했다. 그러자 자연은 인간이 자신들의 이익을 위해 자연을 파괴하고 갉아먹는 것에 경고하기 시작했다. 초기 인간은 자연 속에서 자연의 일부로서 건축공간을 만들어갔다. 동굴을 자연으로부터 빌렸고, 발달되지 않은 기술은 자연을 이용해 보완했으며, 자연이 주는 재료를 건축공간에 활용했다. 동굴에 살지 않는 사람들은 나무를 건축재료로 활용했으며, 자연석을 쌓아서 바람을 막기도 했다. 건축 설비가 발달

> **매너리즘**
> 이 단어는 예술가의 특징인 '터치'와 인식 가능한 '양식(manner)'을 뜻하는 이탈리아어 'maniera'에서 나왔다. 르네상스와 바로크 자연주의와 반대되는 인위성은 매너리즘 예술의 공통적인 특징들 중 하나다.

하지 않은 과거에는 자연의 바람과 햇빛을 이용해 건강한 건축물을 만들기도 했다. 인간은 자연을 인공적으로 만들기도 하고, 그들의 공간에 자연을 불러들이기도 했다.

그러나 인간의 오만함이 극에 달해 마치 자연 없이도 살아갈 수 있을 것 같은 착각을 준 것 중의 하나가 건축이다. 자연의 변화에 대처해나가는 동물들과는 달리 인간들은 자신만의 공간을 만들 수 있게 되면서부터 오히려 자연에 역행하고 자연을 파괴하면서 자신들의 이익을 위해 자연을 바꾸어나가기 시작했다. 인간은 자연의 일부라는 엄연한 사실을 거부하고, 완벽한 인간의 영역을 형성하는 데 온갖 기술을 동원했다. 사실 인간의 내면에는 자연에 대한 두려움이 많이 남아 있는데, 이는 자연의 파괴가 가져올 결과를 알기 때문이다.

자연과 건축은 하나가 되어야 한다. 건축이 자연을 파괴해서는 안 된다. 자연의 형태를 있는 그대로 읽어야 하며, 그 환경의 일부가 되도록 노력해야 한다. 자연이 주는 산물을 그대로 공간으로 받아들이고, 이를 공유해야 한다. 그런데 인간은 갈수록 더 많은 오염물질을 자연으로 배출하고 있다. 앞으로 이러한 상황을 인식한 건축가만이 건강한 건축물을 생성하는 데 힘쓰게 해야 한다. 그리고 이러한 인식이 부족한 사람들이 건축물을 만드는 행위를 금해야 한다.

인간과 자연, 그리고 건축

그림 [1-5]와 같이 건축물에 자연을 닮은 이미지를 넣어 '친환경'이라고 부르는 건축가도 있다.(1-5) 또는 그림 [1-6]과 같

1-5 | 스테파노 보에리(Stefano Boeri), 〈보스코 베르티칼레(Bosco Verticale)〉 설계안. 이탈리아 밀라노, 2009년 착공.

1-6 | MAD 건축사무소(MAD Architects), 〈어반 포레스트(Urban Forest)〉 설계안. 중국 충칭.

이 자연 속에 존재하는 이미지를 인위적으로 만들어 이를 곁에 두고 '자연적'이라고 부르는 이들도 있다.(1-6)

그러나 인위적으로 만든 것은 결코 자연과 동일한 성격을 가질 수 없다. 이는 단지 인간의 욕심을 나타낼 뿐 자연 그 자체가 될 수는 없다. 자연을 생활의 근처에 두어 시각적인 효과를 만들 뿐 실질적인 효과는 떨어진다. 자연은 녹지가 끊어지지 않고 연속되어야 그 존재 이유가 명확해진다.

르 코르뷔지에(Le Corbusier, 1887~1965)가 '근대건축의 5원칙'에서 옥상정원을 만든 이유도 바로 건축이 자연과 불가분의 관계에 있기 때문이다. 인간이 만든 건축물은 아무리 아름다워도 자연의 영역을 앗아가는 것이다. 그래서 그는 건축물이 자연으로부터 빼앗은 것을 돌려주고자 옥상에 정원을 꾸몄다. 건축물로 인해 끊어지고 훼손된 자연에 생명의 연속성을 주고자 하는 의도가 담긴 것이다.

이렇게 자연을 품은 건축물을 만들고자 하는 건축가는 역사 속에서 많이 등장했고, 그들은 지금도 훌륭한 모델로 남아 있다. 이들 중 프리덴슈라이히 훈데르트바서(Friedensreich Hundertwasser, 1928~2000)라는 오스트

1-7 | 훈데르트바서, 〈숲의 소용돌이(Waldspirale)〉, 독일 다름슈타트, 1998~2000.

1-8 | 훈데르트바서, 〈테르메 로그너 호텔(Hotel Therme Rogner)〉, 오스트리아 바트 블루마우, 1993.

리아 건축가를 우리는 눈여겨보아야 한다.(1-7, 1-8)

훈데르트바서는 자연을 건축물에 담으려 하지 않고, 건축물을 자연의 일부로서 만들려고 시도했다. 그의 작품에 나타난 표현 방법은 완전히 새로운 것은 아니지만, 근대 초기 등장한 아르누보(Art Nouveau)의 곡선과 곡면이 자주 보인다. 차이가 있다면 그의 작품은 자연을 품은 것이 아니고, 작품 속에서 자연이 연속된다는 점이다.

이와 같은 관점으로 건축을 시작한 이가 있는데, 그가 바로 스페인의 건축가 가우디(Antoni Gaudí, 1852~1926)다. 가우디는 인간의 작품을 자연의 일부로 만들려고 끊임없이 노력했다.

과거 인간이 자연을 존중하고, 자연에 의지해 살았던 시대가 있었다. 이것이 바로 태극(太極, 우주 만물의 근원인 음양이 완전히 결합된 상태), 즉 하모니의 의미다. 특히 동양이 서양보다 자연에 대해 더 경외심을 가졌다는 사실은 샤머

> **아르누보**
> 19세기 말에서 20세기 초에 걸쳐 프랑스에서 유행한 건축, 공예, 회화 등 여러 예술의 새로운 양식.
>
> **가우디**
> 스페인 바르셀로나를 중심으로 독창적인 건축세계를 보인 건축가. 곡선과 장식적인 요소를 극단적으로 표현한 건축작품을 남겼으며, 이러한 작품 경향으로 아르누보 작가로 분류되기도 한다. 대표작으로 〈코로니아 그엘 교회의 제실〉〈그엘 공원〉〈사그라다 파밀리아 성당〉 등이 있다.

니즘에 잘 나타나고 있다.

이제 세계 여러 지역에서 자연이 우리 인간에게 주는 경고음이 더 커지고 있다. 특히 건축의 자연 침해는 도를 넘고 있다. 이 모든 것이 인간의 탐욕에서 비롯되었다. 니체(Nietzsche)가 『차라투스트라는 이렇게 말했다(Also sprach Zarathustra)』라는 저서를 통해 근대에 새로운 영웅이 필요하다는 사실을 강조했듯이, 르 코르뷔지에 같은 시대의 선각자가 등장했던 것처럼 이제 우리에게도 자연이 주는 경고음을 듣고 그 문제를 해결할 누군가가 절실히 필요한 시기다.

르 코르뷔지에의 '근대건축의 5원칙'

'근대건축의 5원칙(Cinq points de l'architecture moderne)'은 자유로운 입면, 자유로운 평면, 옥상정원, 띠창, 그리고 필로티(pilotis)를 말한다.

근대 이전 건축물의 형태는 자유롭지 못했다. 근대의 건축가들은, 이전의 건축가들이 구조적인 면에서 기술에 대한 자신감의 결여로 다양한 형태를 구사하지 못했다고 간주했다. 특히 아돌프 로스(Adolf Loos, 1870~1933) 같은 건축가는 〈로스 하우스(Loos Haus)〉를 통해 기존의 구조를 비웃을 만큼 근대 이전의 장식적인 구조를 죄악시했다. 이러한 상황에 자유를 주고자 시도했던 근대 거장들 중 하나인 르 코르뷔지에는 〈빌라 사보아〉를 통해 '근대건축의 5원칙'을 제시했다.

1. 자유로운 입면: 4면이 모두 다른 입면을 갖고 있다.
2. 자유로운 평면: 각 층이 모두 다른 형태의 평면을 갖고 있다.

4. 띠창
3. 옥상정원
5. 필로티 (건물과 띄우는 부분)

1-9 │ 르 코르뷔지에, 〈빌라 사보아(Villa Savoye)〉, 프랑스 파리, 1931.

건축의 구성요소,
바닥 · 벽 · 지붕

엔벨로프

　　　　　건축물에는 완벽한 내부를 만드는 데 꼭 필요한
구성요소가 있다. 건축물을 구성하는 요소
는 크게 세 부분으로 나뉜다. 바닥, 벽, 그리
고 지붕이다. 이들을 종합적으로 '엔벨로프
(Envelop)'라고 부른다. 바닥은 땅으로부터 인
간을 보호하고, 벽은 바람으로부터 인간을

> **엔벨로프**
> 봉투의 뚜껑을 닫으면 그 안에 공간
> 이 생긴다 하여 바닥, 벽, 그리고 지
> 붕을 통틀어 부를 때 'Envelop'라
> 고 한다.

보호하고, 지붕은 눈비로부터 인간을 보호한다.

바닥

　　　　　건축물의 구성요소 중에서 인간과 가장 밀접한 관계를 갖는 것은 바닥이다. 우리가 생활하면서 가장 빈번히 직접적으로 접촉하는 것이 바닥이기 때문이다. 외부의 지면과 직접적으로 접촉하는 부분인 바닥은 땅에서 전해지는 차가운 온도와 습도, 그 외의 많은 해충들로부터 지속적으로 공격을 받는 가장 취약한 영역이다. 그리고 소음을 가장 많이 전달하는 부분이기 때문에 세심하게 살펴야 한다. 바닥은 우리에게 기능적으로나 심리적으로 안정감을 주어야 한다.

　바닥과 지면의 관계에 따라서 건축물의 형태가 결정되기도 한다. 이 형태는 구조적인 부분도 있지만 그 외의 다른 원인으로 인해 결정되기도 한다. 여기에는 건축가의 결정이 중요하다.

　바닥은 크게 4가지의 경우를 예로 들 수 있다. 이때 기준이 되는 것은 바로 지면(ground line)이다. 지면과의 관계가 어떤가에 따라서 바닥의 형태가 다르게 작용한다. 이 형태들은 필요에 의해 구분되기도 하지만 미적인 부분과도 관련된다. 지형과 기후 등도 이를 결정하는 데 중요한 요소지만 때로는 종교적인 이유도 작용한다.

1 | 지면에서 건물의 바닥이 시작되는 경우

가장 일반적인 형태의 바닥이다. 지면에서 바닥이 시작하는 집들은 외부와 내부의 바닥 흐름이 연속적으로 이어지는 연출을 보여준다.(1-10,

1-11) 외부의 바닥 레벨과 동일하다는 것은 바
닥의 연속성을 의미하는 것으로 명확하게 마
무리하지 않으면 안 된다. 시각적이고 구조적
으로 안정감이 있어 보이지만 단점 또한 갖고
있다. 이런 형태는 출입구의 문제와 배수 문제, 그리고 바닥의 단열과 습
기에 각별히 주의해야 한다. 특히 홍수가 많은 지역에서는 바람직하지
않은 형태다.

2 | 지면보다 건축물의 바닥이 낮은 경우

이 경우에는 건축물 바닥의 흐름보다 지면의
연속성이 더 강하다. 건축물은 대부분의 면이
지면에 접하게 되고, 건축물의 전체적인 형태
보다는 한 부분만 강조되는 경우가 많다. 특
히 지상 레벨보다 건축물의 바닥이 낮기 때문에 배수에 대한 명확한 처
리를 하지 않으면 문제가 생긴다.

　이렇게 건물이 낮게 만들어지는 것은 환경과 관련한 특수한 이유가 작
용했기 때문으로, 이 방식이 가장 타당한 해결책으로 선택되는 경우가

1-10 | 바닥이 지면의 레벨과 같은 경우 1.

1-11 | 바닥이 지면의 레벨과 같은 경우 2.

1-12 | 페로, 〈이화여대 캠퍼스 복합단지〉, 2008.

1-13 | 중국 리양 근처의 집. 집의 바닥이 지면보다 아래 있다.

많다. 그러므로 이 경우는 그 환경을 먼저 살펴보는 것이 건축물을 이해하는 데 도움이 된다.

　〈이화여대 캠퍼스 복합단지〉 건물은 동선이 지하로 인도되어 있고, 자연의 연속으로 보이는 것이 인상적이다.(1-12) 일반적으로 단층으로 만드는 것이 특징인데, 여러 층이 지하로 내려가 지하도시적인 구성을 이루고 있다.

1-14 | 페로, 〈파리 국립도서관〉, 프랑스 파리, 1988.

　또한 중국 리양(溧陽) 근처의 집들은 모두 지하 형태를 이루고 있다.(1-13) 이 지역 사람들은 4,000년 이상을 동굴에서 살았던 경험이 있는데, 도시가 사람들로 가득해지자 과거 동굴에서 살았던 습관을 버리지 못하고 지하로 내려가 생활하는 것을 선택했다. 이는 지역적인 문제를 해결하려는 토속적인 건축양식으로, 건축물 자체를 이용한 순수한 해결이라기보

다는 역사 속에서 자연적으로 만들어진 해결
책이다.

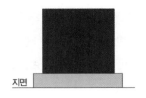

프랑스 건축가 도미니크 페로(Dominique
Perrault)가 건축한 〈파리 국립도서관〉은 대지
의 네 귀퉁이에 건물을 배치하고, 중앙에 지하정원을 만들어 빛에 대한
문제와 지역적인 문제를 동시에 해결한 건물이다.(1-14) 센 강 가까이 높
은 건물을 지으면 주변 환경에 문제가 생길 수 있어 일정한 거리를 두어
건물을 세우고 나머지 영역은 지면보다 낮게 두어 시각적인 자유로움을
준 것이다.

3 │ 단 위에 건물이 놓이는 경우

건축물의 바닥이 지면에 접하지 않고 그 사이에 다른 요소가 존재하며,
마치 단 위에 놓여 있는 것과 같은 형태다. 특히 이러한 방법은 종교적
인 차원에서 시작한 경우가 많으며, 이는 동서양 모두 오래된 건축에서
잘 나타나고 있다. 종교적인 차원의 해석 말고도 지면보다 높게 건축물
이 놓여 있다는 것은 기능적으로 긍정적인 면을 많이 보인다. 특히 홍수

1-15 │ 페리클레스 설계, 피아디아스 건축, 〈파르테논 신전〉,
그리스 아테네, 기원전 4세기경.

1-16 │ 〈수덕사 대웅전〉, 충남 예산군, 고려시대, 1308.

가 잦거나 바람이 많은 지역, 그리고 지하 건물이 존재하는 곳에서는 이러한 형태가 바람직한 해결책으로 쓰인다.

앞에서 언급한 대로 이러한 형태는 종교적 차원에서 신성한 의미를 부여하고자 할 경우에 유용하게 쓰였다. 땅은 인간의 영역이고 지상은 신의 영역이므로 이 둘을 격리시키는 의미로 건축물과 지면의 사이에 단을 두어 건축물의 공간을 신성시하는 의미도 있다.

그리스의 〈파르테논 신전(Parthenon 神殿)〉은 그리스 신화의 정점을 보여주는 건축물이다.(1-15) 신전 건축물의 요소를 잘 나타내는 형태로 지면의 단 위에 건축물이 놓여 있음을 보여준다. 대웅전은 절에서 가장 중요한 건물 중의 하나다.(1-16) 이 또한 서양의 신전들처럼 지면과 직접적으로 접촉하지 않고, 하부에 단을 설치해 인간의 영역과 신의 영역을 구분해놓은 것으로 보인다.

동서양 모두 이러한 방법으로 신전과 절을 설치한 것은 단이 가지는 특징을 적절하게 활용한 예에 속한다. 이렇게 건축물을 단 위에 놓는 것은 기능적인 이유를 넘어서 종교적으로 신성함을 더해주고, 건축물을 보호하는 데도 이롭기 때문이다.

4 | 필로티 형태로 건물이 떠 있는 경우

건물이 기둥과 같은 지반 위에 놓여 있으며, 이 때문에 지면에서 올려져 있고, 바닥은 건물 아래서 연속적으로 흐른다. 이러한 집은 지상에서 자율적인 형태를 지니므로, 이 때문에 대지의 형태를 고려할 필요는 없다. 건물이 물 위나 경사진 땅에 있을 수 있으며, 내부 공간과 환경 사이의 수평적인 관계는 아주 미약하다.

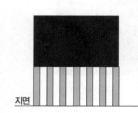
지면

르 코르뷔지에는 건축물을 설계할 때 '근대건축의 5원칙'이라는 자신만의 방법대로 작업했다.(1-17) 이 중 필로티는 원래 기둥·열주와 같이 건축물을 받치는 것을 뜻했지만, 오늘날에는 2층 이상의 건물에서 1층에 방을 만들지 않고 기둥만 세운 공간을 가리키게 되었다.

1-17 | '근대건축의 5원칙'이 적용된 르 코르뷔지에의 〈빌라 사보아〉, 1931.

〈빌라 사보아〉와 같이 건물의 1층에서 벽을 제거하고 필로티만의 공간을 만드는 것은 건축물이 차지한 자연의 공간을 다시 자연으로 돌려준다는 의도가 담겨 있다. 필로티 방식을 취해 건축물이 띄워져 있으면 지면의 연속성이 끊어지지 않게 된다. 즉 인간이 자연의 일부로서 자연을 차지하지 않고, 필로티를 사용해 건물을 지면에서 띄우면서 자연의 일부를 이용하는 존재로 남겨지는 것이다.

벽

벽이란 무엇일까? 먼저 공간과 공간을 구분하는 것, 그리고 기둥처럼 상부에서 내려오는 하중을 기초까지 전달해주는 것 등으로 생각해볼 수 있다. 벽은 크게 외벽과 내벽 2가지로 구분한다. 외벽은 내부와 외부를 완벽하게 구분하는 기능을, 내벽은 내부에서 공간을 구분해주는 역할을 담당한다. 여기에서 외벽은, 인간을 자연으로부터 보호한다는 건축물의 기본적인 역할을 만족시키기 때문에 기능에 더 가깝고, 내벽은 공간을 구성하는 데 중요한 역할을 하기 때문에 훨씬 인간적인 관계에 더 가깝다.

벽의 가장 중요한 역할은 영역을 구분하는 것이다. 건축물에서 벽은 수직적인 요소로 사람들에게 인식된다. 이는 시야와 관계가 깊기 때문이다. 벽의 형태는 무릎까지의 높이, 허리까지의 높이, 눈까지의 높이, 눈 이상의 높이, 이렇게 크게 4가지로 나뉜다. 이러한 구분에서 그 기준은 심리적인 것이 우선이다. 높이가 낮은 벽일수록 영역을 구분하는 기능이 강화되고, 높이가 올라갈수록 공간을 형성하는 성격이 강해진다.

1 | 무릎까지의 높이

이 높이의 벽은 심리적으로 부담을 주지 않는다. 영역을 구분하지만 공간적으로는 연속되기 때문에 다른 영역으로 옮겨갈 수 있는 가능성으로 인해 갇혀 있다는 느낌을 주지 않는다. 호텔이나 중요한 공간의 바닥에 깔린 붉은 카펫도 연속성이라는 이러한 특성을 잘 보여준다.

2 | 허리까지의 높이

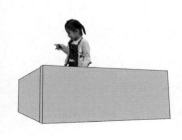

허리 높이의 벽도 심리적으로 압박을 주지는 않지만 영역 침범에 대한 경고성은 무릎 높이보다는 확실하게 강하다. 그러나 주변 영역에 대한 침범 가능성이 열려 있기 때문에 강제성이나 심리적인 압박은 없다. 상대를 바라볼 수 있고, 가벼운 물건은 힘들이지 않고 다른 영역으로 전달할 수 있기 때문에 영역 구분

외에 공간적인 폐쇄성은 적다고 볼 수 있다. 그래서 벽의 개념보다는 영역 구분에 더 가깝다.

3 | 눈까지의 높이, 4 | 눈 이상의 높이

눈까지의 높이와 눈 이상의 높이부터가 벽으로서의 기능이 강화된 경우

다. 일반적으로 우리가 벽이라고 인식할 때의 기준은 눈이다. 눈은 심리적인 상황을 반영하기 때문에 눈보다 낮은가, 또는 높은가에 따라서 심리적인 영향이 많이 다르다.

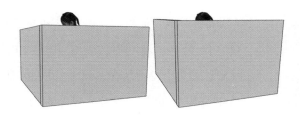

그렇기 때문에 사무실에서는 이 2가지 높이를 병행하는 경우가 많다. 즉 앉았을 때는 칸막이의 높이가 눈보다 높아서 독립된 공간을 형성하는 것 같아 보이지만, 커뮤니케이션을 위해 섰을 때는 칸막

1-18 | 눈높이를 고려한 사무실 파티션.

이의 높이가 눈보다 낮아 한 공간과 같은 느낌을 준다.(1-18) 즉 벽의 개념은 시각의 자유로움과 밀접한 관계가 있다.

벽은 영역을 나누고, 공간을 나누고, 내부와 외부를 구분해준다. 여기에 정의를 하나 더 추가한다면 '시야가 더 이상 가지 못하는 곳'을 벽이라고 할 수 있다. 즉 벽의 부정적인 이미지는 심리적인 답답함이며, 이 답답함은 곧 시각의 차단에서부터 시작된다. 그러므로 건축물 설계에서

벽을 구성할 경우 이를 감안하는 것이 좋다.

시각 차단이라는 의미에서 볼 때 아래 그림에서 왼쪽은 명확하게 벽이다. 그러나 오른쪽 유리면은 벽으로 볼 수 없다. 이는 공간의 영역을 구분하는 기능에는 충실하지만 시각적인 차단을 하지 못하므로 벽이 아니다. 이를 인지한다면 설계나 건축물을 이해하는 단계에서 벽의 존재를 더 명확하게 인식할 수 있다.

앞에서 벽을 '시야가 더 이상 가지 못하는 곳'이라는 의미로 발전시켰다. 이러한 의미를 바탕으로 한다면 추미(Bernard Tschumi, 1944~)의 〈흐로닝언 글라스(Groningen glass)〉는 존재하지 않는 건물이다.(1-19) 추미는 이 건물을 설계할 때 심지어 접합부위도 유리로 하고 싶었다고 한다. 그는 이 건물을 존재하지만 존재하지 않는 건물로 만들고 싶었다. 이 건물은 비디오 갤러리로, 그가 일반인이 느끼는 벽의 의미를 좀 더 발전시키고 싶어했음을 이 건물로 알 수 있다.

안도 다다오(Ando Tadao, 安藤忠雄, 1941~)의 〈물의 교회(Church on the Water)〉도 벽의 존재를 더 발전시킨 대표적인 건물 중의 하나다.(1-20) 예배를 보는 정면을 유리로 장식한 이유는, 그가 벽이라 여긴 것이 유리가 아니고 십자가 뒤에 있는 나무 울타리였기 때문이다. 추미는 벽이 존재

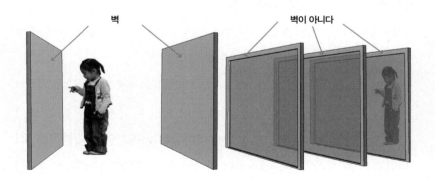

벽   벽이 아니다

1-19 | 추미, 〈흐로닝언 글라스〉, 네덜란드 흐로닝언, 1990.

1-20 | 안도, 〈물의 교회〉, 일본 도마무, 홋카이도, 1985.

하지 않는 건물을 만들고 싶었고, 안도 다다오는 저 멀리 후퇴한 벽이 있는 공간을 보여주고 싶었던 것이다. 이것은 서정적인 설계다. 이렇게 공간을 구성하는 요소들에 대한 이해를 높인다면 훨씬 더 다양한 공간을 창조하고, 즐길 수 있는 안목을 갖게 된다.

지붕

건축물에서 지붕의 역할은 바닥처럼 2가지를 만족시켜야 한다. 바로 자연으로부터의 보호와 인간 사이의 관계를 명확하게 정립시켜야 한다는 점이다. 바닥은 지면에 대한 관계를 기능적으로 해결해야 하지만 지붕은 비·바람·눈·햇빛 등 바닥보다 기능적으로 더 다양한 요소를 갖고 있다. 이외에도 하중을 발생시키며, 건축물의 형태를 구분 짓는 데 중요한 역할을 하기도 한다. 벽과 바닥이 사용자와 직접적인 접촉이 있는 반면 지붕은 사실상 눈높이보다 위에 위치한다. 그러나 건축물의 문제점은 대부분 지붕에서 발생할 정도로 예민한 부분이기도 하다.

건축물을 지을 때 전체적인 형태를 결정하는 최소한의 요소는 지붕이

평지붕   돔지붕   부른지붕

박공지붕   모임지붕   합각지붕

솟을지붕   외쪽지붕   맨사드지붕

1-21 | 다양한 지붕의 형태.

다. 사람들은 보통 건물을 바라볼 때 위로 올려다보기 때문에 지붕의 중요성을 제대로 인식하지 못하는 경우가 많다.

그러나 건물의 구성요소 중 이미지에 가장 영향을 많이 주는 것이 바로 지붕이다. 바닥은 지표면에 숨겨져 있고(내부에서 볼 수 있으나 모두 볼 수 없다는 단점이 있다), 벽은 사람의 시야에 다 들어오지 않기 때문이다. 그러나 지붕은 하늘을 배경으로 전체 형태를 파악할 수 있기에 건축물의 이미지에 영향을 미친다.

고층건물에 올라가 저층건물의 옥상을 살펴보면, 지붕에 신경 쓰지 않은 건물이 무척 많다는 사실을 알 수 있다. 바닥은 지면보다 높게 지을 수도 있고, 벽은 기후가 나쁘지 않다면 굳이 만들지 않아도 된다. 그러나 지붕의 기능은 다른 구성요소보다 더 중요하다.

지붕은 그 지역의 기후에 따라 형태와 조건이 많이 다르다.(1-21) 눈이 많이 내리는 지방에서는 경사가 급한 박공지붕이 유리하며, 태양이 강렬한 지방에서는 각 방향에서 각도를 달리해 빛을 받는 면을 감소시키는 돔(dome, 반구형으로 된 지붕이나 천장) 형태가 유리하다.

건축의 형태와 구조는
목적에 맞아야 한다

건축 형태의 종류

우리가 일반적으로 접하는 건축물은 그 형태가 실로 다양하다. 이 형태들은 건축물의 목적과 사용 기능에 따라 결정되기도 하지만, 건축가의 취향과도 깊은 관계가 있다. 일반인들은 건축물을 판단할 때 그 형태에 많은 영향을 받는다. 특히 자신이 좋아하는 건물 형태에 더 많은 점수를 주는 것이 사실이다. 이에 반해 전문가는 명확한 기준을 근거로 건축물을 판단한다.

1-22 | 골격적 형태. 포스터, 〈국회의사당〉, 독일 베를린, 1999.

1-23 | 조소적 형태. 멘델존(Eric Mendelsohn), 〈아인슈타인탑 (Einsteinturm)〉, 독일 포츠담, 1919~1921.

1-24 | 평면적 형태. 아레츠(Wiel Arets), 〈AZL연금재단 본사〉, 네덜란드 헤를렌, 1990~1995.

그러나 대부분의 사람들은 디자인과 미를 동일시하는 경향이 있기 때문에 일반적으로 '디자인＝기능＋미'라는 공식에 의존한다. 기능은 고유한 것으로 작업에서 90퍼센트 이상을 차지하며, 미는 개인적인 감각에 의해 판단하는 경우가 많으므로 일부를 차지한다. 이 개인적인 성향 때문에 대부분의 사람들은 미적인 부분에 많은 의미를 부여한다. 기능은 건축 고유의 성질로서 설계자의 의도에 크게 좌우되지 않는다.

한때 건축뿐 아니라 디자인 영역에서도 기능주의와 형태주의가 대립했던 시기가 있었다. 그러나 현대에 와서 이 두 영역은 공존해야 하는 상황이 되었다. 형태에는 골격적 형태, 조소적(조각적) 형태, 그리고 평면적 형태 등 크게 3가지가 있다.(1-22~24) 골격적인 형태의 대표적인 모습은 사다리처럼 뼈대가 드러나는 형태다. 조소적인 형태는 건축물의 전체 모습이 하나의 조각품 같은 형태를 보이는 것이고, 평면적인 형태는 건축물의 전체 형태 속에서 면이 부각되어 보이는 것이다.

이 3가지 형태는 완전히 독립적으로 존재하는 것이 아니며, 어떤 요소가 한 건축물에 60퍼센트 이상 존재하면 하나의 형태로 간주할 수 있다. 이 형태들은 건축가의 개인적인 취향이나 발주처의 요구, 또는 시대적인 상황에 따라서 달리 표현될 수 있다. 유사한 형태를 보여주는 건축가

골조구조   기둥   벽체구조   내력벽   복합구조

1-25 | 하중구조 형태로 나눈 3가지 구조.

를 모아서 하나의 양식군으로 묶기도 한다.

구조적으로는 다시 3가지 형태로 구분해볼 수 있다. 기둥으로 하중을 전달하는 형태는 골조구조, 내력벽으로 하중을 전달하는 형태는 벽체구조, 그리고 이 둘을 다 사용하는 형태를 복합구조라고 부른다.(1-25) 이 구조 형태는 상황에 따라 설계 단계에서 선택되지만 구조를 이루는 재료에 의해 결정되기도 한다.

건축 형태를 이루는 재료의 종류

건축 형태를 이루는 재료는 크게 4가지로 구분해볼 수 있다. 조적조, 목조, 철골조, 그리고 철근콘크리트조다. 조적조는 벽돌처럼 쌓아올려서 만든 구조를 말하는데, 〈피라미드〉 또는 벽돌 건물이 대표적이다. 과거에는 조적조 건물이 많았다. 목조는 말 그대로 나무로 짓는 건물인데, 나무의 뒤틀림 때문에 고층으로 짓지 못하는 단점이 있다. 철골조는 철로 기둥을 만들어 뼈대를 이루고 다른 재료로 벽을 만드는 구조로, H형태는 H형강, I형태는 I형강이라고 부른다. 철근콘크리트조는 콘크리트(모래, 시멘트, 그리고 자갈을 배합한 것) 덩어리 안에 철근으로 근육을 만들어 보강한 구조다. 여기서 조적조, 목조, 그리고 철골조는 골조구조에 해당되며, 철근콘크리트조는 벽체구조나 복합구조로 사용되기도 한다.

이 4가지 구조는 재료에 의한 구분으로서 가장 기본이 되는 것이다. 그러나 대부분의 형태가 이 범주 안에 속해 있으며, 여기에서 출발해 트러스(truss) 구조, 라멘(Rahmen) 구조 등 변형된 구조가 등장했다.

트러스 구조
철재나 목재를 삼각형의 그물 모양으로 짜서 하중을 지탱하는 구조를 말한다.

라멘 구조
기둥과 보로 건축구조를 지지하는 방식으로 철근콘크리트 기둥구조, 철골구조가 이에 해당된다.

구조 선택에는 여러 요인이 작용한다. 예를 들면, 공항 같은 특수 건물에서 가장 민감한 것은 비행기에서 발생하는 소음이다. 이 소음은 건축물에 순간적으로 영향을 미칠 만큼 그 파장이 크므로 일반적인 건축물과 동일한 구조로 건축되어서는 안 된다. 소음에 대응하는 구조가 아닌, 소음을 흡입하는 구조로 설계가 되어야 하므로 대부분 이음새를 갖고 있는 철골구조를 선호한다. 목조의 경우 가장 취약한 부분은 습기다. 그러므로 목조에는 반드시 통풍구와 같은 공간이 확보되어야 한다.

과거에는 구조를 형태 안에 숨겨놓는 설계가 일반적이었으나, 이제 기술의 발달로 구조가 드러나는 형태를 쉽게 볼 수 있다. 그리고 과거에는 대부분의 천장 설비를 실링(ceiling)으로 마감했는데(p.50~51 참조) 이제는 그 설비를 인테리어의 일부로 사용할 만큼 기술의 진보가 이루어졌다.

얼마 전 어느 회사의 아파트 선전에서, 입주자가 원하는 대로 평면을 꾸며주겠다는 차별화된 광고를 한 적이 있다. 이러한 광고 및 홍보는 꽤 효과적이었는데, 다른 회사에서 시도할 수 없었던 이유는 바로 구조 문제에 있었다. 벽체구조는 준공 후 공간에 변화를 줄 수 없다. 그러나 골조구조는 기둥을 제외한 모든 것의 변화(벽의 위치를 바꾸는 것 등)를 가능하게 하는 이점이 있다. 즉 입주자가 원하는 대로 공간을 꾸며준다는 말은 그 아파트를 골조구조, 즉 철골로 지었다는 의미다.

그런데 의외로 철골로 지은 아파트는 드문데, 그 이유는 철골로 고층 건물을 짓게 되면 공사비가 더 많이 들기 때문이다. 철근콘크리트 건물이 여타 구조와 크게 다른 것은 거푸집을 사용한다는 점이다. 거푸집은 콘크리트 형태를 만드는 틀로서, 일반적인 형태는 기성제품이 있으므로 단가를 줄일 수 있다. 그러나 철골의 경우는 모든 디테일을 직접 작업해야 하기에 작은 규모의 건물이 아니라면 공정이 복잡해 단가가 높아질 수 있다.

좋은 구조는 좋은 디테일을 갖는다

현대는 에너지와 친환경적인 문제에 민감한 편이다. 그렇기 때문에 이러한 요인이 구조를 결정하는 데 중요한 역할을 하기도 한다. 콘크리트의 경우 '냉복사(冷輻射)'가 문제 될 수도 있다.(1-26) 그리고 덩어리라는 특성 때문에 '열육교' 역할을 한다. 이러한 사항이 건축물에서 디테일을 더욱 복잡하게 하고, 새로운 재료를 필요로 하게 된다.

유럽에서는 이미 오래된 일이지만 우리나라에서도 요즘 ALC(Autoclaved Lightweight Concrete)라는 재료가 많이 쓰이고 있다. 주로

냉복사
냉기가 어떤 물체로부터 바퀴살처럼 방출되어 내부 공간으로 전달된다는 의미로, 특히 노출 콘크리트가 심한 냉복사 현상을 보인다.

열육교
말 그대로 어떤 매개체를 통해 열이 전달되는 현상을 말하며, 그 매개체를 육교라고 한다.

1-26 │ 벽면이 노출 콘크리트로 되어 있는 건물.

벽을 이루는 재료로서 하중을 기둥으로 대체한 비내력벽용(非耐力壁用)으로 사용된다. 그러나 단열재와 석재의 역할을 동시에 하기 때문에 새로운 재료로 각광받고 있으며, 유럽에서는 일반화된 재료로 사용되고 있다. 우리나라에서는 아직 수요가 많지 않아 단가는 높으나 구조에 대한 새로운 해결책으로 등장하고 있다.

구조는 곧 디테일이다. 좋은 구조는 좋은 디테일을 갖고 있다. 그래서 루이스 칸(Louis Isadore Kahn, 1901~1974)은 '디테일은 설계의 꽃'이라고 말했다. 건축에서 디테일이 발달하지 못한 나라는 결코 훌륭한 구조를 가질 수 없고, 훌륭한 형태를 만들어낼 수 없다. 프랭크 로이드 라이트(Frank Lloyd Wright, 1867~1956)는 "학생들에게 디자인을 가르치지 말고 구조를 가르치라"라고 말했다. 훌륭하다는 것은 모양이 아니라 기능의 미를 말한다. 구조가 곧 디자인이기 때문이다.

미는 한자로 아름다울 '美'인데, 다음 2가지 의미를 가지고 있다. 바로 형태의 아름다움과 내용의 아름다움이다. 영어로는 각각 'aesthetic'과 'beautiful'로 불린다. 아름다움의 출발점을 구조, 즉 디테일부터 시작하는 것이 바로 'aesthetic'이다. 좋은 형태는 좋은 구조를 갖고 있다. 여기서 좋은 형태라는 말은 기능적으로 문제가 없고, 미적으로도 기능을 돋보이

ALC
내부에 강선을 넣고 고온고압으로 양생시킨 기포 콘크리트 중 하나다. 경량에 다공질이고, 경도가 낮으며, 비중이 0.5 정도여서 물에 뜨기도 한다. 단열, 흡음 및 차음성은 우수하지만, 내구력이 약하고 습기에 약하다는 단점 때문에 구조재로서 사용은 제한되고, 주로 칸막이벽, 비내력벽 등에 적용한다.

게 한다는 말이다. 구조란 떼어내면 안전에 이상을 주게 되는 것을 말한다. 모든 구조는 모든 형태를 만들어낸다. 그러나 모든 구조는 형태를 위해 존재해야 한다. 형태는 인간을 위한 공간을 품고 있다.

그러므로 형태와 구조는 그 목적에 맞게 선택되어야 한다. 과거의 초가는 지역의 특성과 기후를 반영한 것이다. 물론 여기에는 그 지역에서 얻을 수 있는 재료가 중요한 요소로 작용했지만, 각각의 구조는 각각의 특성을 만족하기 위해 존재한다는 사실을 잊지 말아야 한다.

건축물에 생명을 부어주고
겉옷을 입혀주는 설비와 마감

설비는 건축물에 생명을 부어주는 행위

건축물을 인식할 때 일반인들은 형태적인 이미지를 많이 떠올린다. 그러나 이는 건축물을 너무도 물질적인 상태로 인식한 결과다. 건축물을 만드는 목적은 건축물 안에 공간을 형성하는 것이고, 인간이 그 공간 안에서 안락함을 느끼게 하는 것이다. 사실상 공간의 정체성은 인간이 그 안에 존재하면서 시작된다. 인간의 존재 가치는 생명이다. 모든 것에 생명의 의미를 부여하면서 본격적으로 소통이 시작되는 것이다. 즉 그 대상들도 호흡을 시작해야 하고 인간의 존재를 통해 동질감을 부여받아야 하는데, 이를 가능하게 하는 것이 바로 설비다. 설비는 건축물에 생명력을 불어넣는 에너지다.

과거 국제양식이 통용되기 전 대부분의 양식은 지역적인 관례를 따랐다. 설비에 대한 해결책이 없었으므로 안락한 공간을 형성하는 데 어려움이 많았기 때문이다. 그래서 오랜 역사를 통해 검증된 생활방식과 이를 뒷받침할 수 있는 지역적인 재료가 주를 이루었다. 모든 지역에서 공통적으로 사용한 것은 자연이었다. 자연이 주는 바람과 빛, 그리고 물은 중요한 요소로 작용했다. 그리고 자연으로 해결하지 못한 부분은 건축구조로 해결하려고 시도했다.

예를 들면 부뚜막은 음식을 조리하는 기능도 했지만 겨울에 공간을 따뜻하게 만드는 또 하나의 기능을 가지고 있었다. 굴뚝은 부엌에서 지핀 불이 바닥에 골고루 전해질 수 있도록 연기와 불길을 끌어당기는 중요한 역할을 담당했다. 지열을 막기 위해 바닥을 지면에서 띄운 것은 실로 놀라운 지혜였고, 목조에 치명적인 해를 끼치는 습기를 방지하려고 마루를 공중에 띄운 것은 여전히 우리가 배워야 하는 기술이다.

빛을 계절에 맞추어서 내부로 끌어들이는 처마에 대한 지혜는 마치 오래 숙성된 장맛과 같이 그 깊이가 깊어 보인다. 특히 초가지붕이나 기와지붕 아래 내부 공간과 외부 공간을 격리시키는 완충공간을 두어 여름에는 시원하게 하고 겨울에는 따뜻하게 하는 지혜는 지금의 잘못된 설비보다 오히려 더 좋은 기능을 발휘한다. 시각적으로는 차단되지만 어둠이 공간에 유입되는 것을 조금이나마 막아내고 빛을 투과시키는 특성을 지닌 창호지 문은 지금의 창문이 갖는 기능을 충분히 소화하고 있다.

근대에 들어와서 국제양식이 전 세계로 전파된 이유는 바로 설비에 있다. 설비는 어느 지역에 건축물을 지어도 인위적으로 안락한 공간을 만들 조건을 갖추는 것이다. 이 국제양식에는 부뚜막도 필요 없고, 온돌도 필요 없으며, 완충공간도 필요 없다. 심지어는 낮과 같은 공간을 무한대로 소유할 수 있는 조건도 갖추었다. 설비는 건축물에 생명을 불어넣는 행위로, 물리적 물체인 공간에 피와 혈관, 그리고 산소를 공급하는 역할을 한다.

전기는 과거 낮에만 제공되었던 빛의 한계에서 인간을 해방시켜 시간에 대한 자유로움을 안겨주었다. 더 나아가 생활 가전제품의 발전을 통해 삶의 질을 바꾸어놓았다. 냉난방은 계절로부터의 자유다. 계절에 따라 식량을 저장하고, 계절에 따라 생활을 해오던 인간의 세계에 냉난방은 신에 대한 반항으로 보일 만큼 계절을 역행할 수 있는 조건으로 주어졌다. 또 환기는 인간을 자연으로부터 더 멀어지게 하는 역할을 했다. 자연의 바람을 통해 공간에 신선한 공기를 제공하던 삶에서 강제 환기를 통해 기계적인 환기가 가능해졌다.

> **매스**
> 비어 있지 않고 일체감을 나타내는 덩어리를 의미하는 말로서, 건축에서는 공간을 차지하는 덩어리의 크기 및 내부 공간을 규정하는 실체를 말한다.

이제 건축물은 계속 발전하는 설비 시스템을 통해 과거에는 단순하게 공간을 포함하는 매스(mass)에서 다각적인 기능을 부여받는 스마트한 건축물로 재탄생하고 있다. 이러한 설비의 발전이 우리의 삶을 윤택하게 하고, 놀라운 기능을 제공하는 것은 사실이다.

그러나 설비가 갖고 있는 장점은 자연의 일부로 살던 인간을, 자연을 해치는 대상으로 만들기도 한다. 특히 급수와 배수는 건축물에 혈관과 같은 기능을 하지만 자연의 혈관을 망치고 있다. 거리와 지역적인 경계를 허물어버린 통신시설은 우리의 행동반경을 좁혀준 반면, 벌과 같은 생물을 멸종시키면서 우리의 미래를 위협하고 있다. 설비 중 가장 큰 혜택은 전기다. 그러나 지나친 전기 사용으로 인해 이미 지구는 온난화 현상을 보이며 심각한 상황에 도달했다. 건축물의 설비는 인간의 삶을 윤택하게도 하지만 궁극적으로 자연의 분노를 유발할 수 있다.

건축물에 겉옷을 입히는 마감 작업

건축물에서 설비는 일반적으로 감춰져 있다. 그 이유에는 여러 가지가 있지만 디자인 면에서 처리하기가 곤란하기 때문이기도 하다. 그러나 설비에 관계된 영역을 모두 감출 수 있는 것은 아니다. 이러한 부분을 작업해주는 것이 마감이다. 마감은 건축공사에서 최종적으로 하는 작업으로 우리가 보는 건축물의 피부(surface)와도 같다.

마감은 크게 내부 마감과 외부 마감으로 구분할 수 있다. 내부 마감은

1-27 | 게리(Frank Gehry), 〈빌바오 구겐하임 미술관(Guggenheim Museum Bilbao)〉, 스페인 빌바오, 1997.

일반적으로 디자인의 성격과 안락한 공간을 제공하는 역할에 중점을 두고 있다. 외부 마감은 단열, 방음, 건축물의 전체 디자인, 그리고 건축물 보호에 그 목적을 둔다. 외부 마감은 "그 건축물이 다른 건축물과 어떻게 다르게 보이는가?"를 결정하는 중요한 역할을 한다.(1-27)

1-28 | 건축물의 내부 마감을 하는 모습.

마감은 건축물의 피부, 또는 겉옷을 입힌 것과 같은 작용을 함으로써 디자인에서 절대적인 역할을 담당하고 있다. 그러나 디자인적인 기능에만 작용하는 것이 아니고, 단열, 방음, 그리고 질감을 통해 건축물의 건강을 책임지며, 사용자가 공간에 대한 느낌을 갖게 하는 데 중요한 역할을 한다. 마감을 정확하게 하지 못하면 건축물에 문제가 생기고, 이로 인해 건축물이 망가지게 된다.

마감에는 직접적인 기능을 하는 부분이 있고, 미적인 부분이 있다. 그림 〔1-28〕처럼 구조체에는 은박지와 섬유, 또는 스티로폼 같은 단열재나 기능성 재료를 설치하는데, 이것을 최종 재료로 쓰면 파손의 위험이 있고 시각적으로도 디자인의 질이 떨어지므로 석고 보드나 목재 합판을 대어 면을 고르게 해준다.(1-28) 그리고 그 위에 최종 디자인 작업을 하는 것이다. 이러한 작업은 벽뿐 아니라 모든 면에 적용된다.

예를 들면 천장 같은 경우 외부로부터 전달되는 열을 차단하기 위한 작업이 이뤄져야 하며, 대부분의 설비관이 지나가는 곳이므로 작업을 마친 후 깔끔한 판으로 마감하면 훨씬 아늑한 공간감을 얻는다. 이러한 천장판을 실링이라고 부른다. 또한 물을 사용하는 공간에는 장기간 사용에 의해 수분이 흡수될 가능성을 방지하기 위해 석재 타일 같은 재료로 최종 마감을 한다.

이런 방법으로 마감은 각 부분에 따라 기능적인 역할을 담당한다. 예를 들면 바닥은 밑에서 올라오는 습기를 막아주는 역할을 해야 하며, 벽은 방음과 시각적인 기능, 그리고 하중을 견디는 역할을 담당하고 있다. 또한 천장은 모든 설비에 대한 작업과 기능이 원활하게 이루어질 수 있도록 해야 하고, 지붕은 위에서 내려오는 열을 차단하고 소음 문제, 그리고 방수에 대한 처리를 철저히 해야 하는 역할을 담당하고 있다.

이렇듯 마감은 단순히 미적인 부분만 담당하는 것이 아니라 다양한 기능을 하고 있으므로 그에 걸맞은 재료와 형태를 결정해야 한다. 건축물이 필요한 이유는 자연으로부터 사람을 보호하기 위해서다. 이것이 마감의 필요성에도 적용되며, 그 목적이 되는 것이다.

건축은 건축주 · 설계자 · 시공자의 3중주 화음

도면의 3가지 종류

일반인이 처음 건축을 접하는 것은 대부분 건축물을 통해서일 것이다. 그러나 건축을 공부하고자 하는 학생들이 처음 건축을 접하는 것은 설계를 통해서다. 이는 건축이 설계에서 출발하기 때문이다. 먼저 학생들에게 왜 설계가 필요한지 질문을 던질 필요가 있다. 행위에 대한 정당성을 먼저 인식해야 올바른 결과를 가져올 수 있기 때문이다. 왜 설계를 하는가에 대한 답변은 설계 작업에서 매우 중요하다.

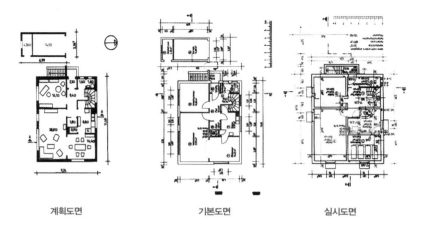

계획도면   기본도면   실시도면

1-29 | 표현에 따른 도면의 3가지 종류.

설계는 1차적으로 시공자를 위한 작업이다. 그러나 결과적으로는 설계자를 위한 작업일 수도 있다. 설계 작업에서는 이 두 대상에 대한 인식이 전제되어야 올바른 설계를 할 수 있다.

건축가 루이스 칸은 "건축물에는 건축이 없다"라고 말했다. 이는 건축과 건축물을 구별하려는 의도가 아니고, 건축물과 건축의 관계를 정의하는 데 필요한 반어적인 표현이다. 혼자 집을 짓는다면 도면이 꼭 필요하지는 않다. 대부분의 계획이 머릿속에 있기 때문에 도면을 작성할 필요가 없다. 그러나 두 명 이상의 사람이 모여 건축물을 짓는다면 원활한 의사소통을 위한 수단이 필요한데 이것이 바로 도면이다.

도면은 작성 방법에 따라서 크게 3가지로 구분된다. 계획도면, 기본도면, 그리고 실시도면이다.(1-29) 이러한 구분은 바로 그 도면을 필요로 하는 대상을 기준으로 한 것이다.

건축물을 건축하기 위해 처음 등장하는 사람이 바로 건축주, 또는 발주처다. 이들은 일반적으로 건축을 전공하지 않은 일반인인 경우가 많으며, 이들이 도면에서 필요로 하는 정보는 단순하다. 이들이 건축물을 짓는 데 가장 중요하게 생각하는 것은 건축 면적과 필요한 공간이다. 이 외의 도면 속 정보는 너무도 전문적이어서 불필요하다고 생각한다. 그래서 이들을 대상으로 도면의 내용을 1차적으로 작성한다. 도면 안에 이들이 필요로 하는 내용 외에도 많은 정보가 변경 가능하다는 의미로 이를 계획도면이라 부른다. 발주처, 또는 건축주가 먼저 계획도면에 동의해야 다음 단계가 진행된다.

물론 발주처가 계획도면을 승인했다고 곧바로 공사를 진행할 수 있는 것은 아니다. 건축물은 도시의 일부이기에 국가의 승인을 받아야 한다. 이 승인을 얻기 위해 도면에 적용되는 것이 법규이며, 이 법규 사항을 검토하는 이는 바로 공무원이다. 이들은 도면에서 자신들이 필요로 하는 내용을 검토하고, 그 내용들이 법규에 어긋나지 않게 도면에 표현되었는가를 살펴본다. 이 표현들이 이전의 계획도면에 추가되는데 이 도면을 우리는 기본도면이라 부른다. 기본도면은 도시계획적인 성격을 가져야 하므로 일조권, 소방도로, 배수 문제, 그리고 그 외 소방에 관계된 것 등 주변과의 관계를 나타낸다.

이렇게 법규 관련 사항이 통과되어 허가를 받으면 이제 건축물에 대한 시공을 실시할 수 있는 권리를 부여받게 된다. 그래서 그 다음 단계의 도면을 실시도면이라고 부른다.

실시도면은 필요로 하는 사람들이 많다. 계획도면은 건축주가 필요로 하고, 기본도면은 공무원이 건축 · 구조 · 전기 · 설비 · 소방 · 조경 등의 영역에서 요구하지만, 실시도면은 이보다 더 많은 영역에서 필요로 한다. 많은 영역에서 도면을 필요로 한다는 것은 그만큼 다양한 표현이 도면에 표시되어야 함을 의미한다. 도면을 잘 그리고 못 그린다는 기준이 바로 이것이다. 그 도면을 필요로 하는 영역에서 모든 정보를 얻을 수 있다면 그 도면은 훌륭한 것이다.

그렇다면 도면을 필요로 하는 사람들은 도면에서 어떤 정보를 얻으려는 것일까? 바로 설계자의 의도를 읽으려는 것이다. 설계자는 건축물을 통해 나타내고자 하는 의도를 도면에 담고, 시공자는 도면을 통해 이를 완성하는 것이다.

건축 과정의 3단계, 건축주 · 설계자 · 시공자

일반적으로 건축의 과정은 3단계로 나뉜다. 첫 단계가 바로 건축주, 그 다음이 설계자, 마지막 단계가 바로 시공자다. 하나의 건축물을 완성하기 위해서는 이 3단계가 잘 합심해 3중주 화음을 이뤄야 한다. 건축주는 건축물의 목적을 갖고 있는 사람이며, 설계자는 건축주의 목적을 전문적인 지식을 바탕으로 도면에서 실현시키는 작업을 하고, 시공자는 이를 현실화한다.

이 3파트 중 하나라도 빠지면 건축은 실현될 수가 없다. 물론 건설회사가 때로 건축주와 설계자, 그리고 시공자의 세 역할을 하는 경우도 있지만, 역할 면에서 3파트로 분리되는 것은 분명하다.

건축주는 분명한 용도에 의해 건축물의 필요성을 갖고 일을 의뢰하고, 설계자는 자신의 디자인 능력과 실무 능력을 발휘해 건축주의 요구사항을 설계도에 잘 표현해야 하는데 시공자에게는 이보다 더 많은 능력이 요구된다. 시공자의 능력이 곧 건축물 평가에 중요한 역할을 한다.

건축물의 형태와 공간의 구성은 설계자의 의도에 따라 구성되고, 이는 인간의 공간습득 능력에 의해 이해되면서 작용하지만, 건축물 자체에서 오는 불편함은 그 건축물이 존재하는 한 끝없이 작용한다. 예를 들면 누수현상, 결로현상, 소음, 복사열, 마감재의 마무리 문제, 그리고 준공 이후의 여러 하자가 발생할 수 있다. 물론 이런 하자가 모두 시공자의 잘못은 아니다. 하자가 발생했을 때 시방서(시공방법서술서)를 보고 설계도처럼 시공되었는가를 우선적으로 살펴본다. 그리고 시공사의 잘못인지를 판단한다.

사전에 이러한 문제를 조금이라도 줄이려고 노력하는 것이 바로 공사 시작과 함께 구성되는 또 다른 3파트, 즉 감독(발주처), 감리(설계), 그리고 시공 책임자(현장소장)다. 이 3파트는 공사 시작에서부터 공사 마무리까지 함께한다. 감독은 공사 현장에서 발생하는 모든 문제에 대한, 발주처와 현장의 결정을 담당한다. 그리고 감리는 현장에서 설계자와 시공자의 모든 정보를 공유하고 결정하는 역할을 하며, 시공이 설계에 준해 잘 진행되고 있는지를 검사한다. 시공 책임자는 가장 좋은 건축물을 만들기 위해 최선을 다하고, 설계 과정에서 놓칠 수 있는 문제를 제시하며, 안전한 건축물을 완성하는 데 총력을 다한다. 이 3파트가 서로 의무를 다할 때 건강한 건축물이 만들어진다.(1-30)

전문가와 일반인이 건축물을 바라보는 시각은 현저하게 다르다. 전문가는 보이지 않는 부분까지 본다. 그리고 과거, 현재, 그리고 미래라는 시점에서 상황을 분석하고 결정한다. 이러한 현상이 잘 나타나는 분야가 바로 건축이다. 건축은 설계할 때 반드시 미래의 시점을 적용해야 하며, 시공자는 이를 건축물에 잘 반영해야 한다.

그러므로 건축에서 설계, 시공은 마치 요리할 때 필요한 레시피, 음식 재료와 같다. 설계가 아무리 뛰어나도 시공에서 이를 잘 반영하지 못한

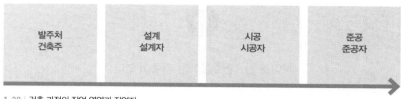

발주처 건축주	설계 설계자	시공 시공자	준공 준공자

1-30 | 건축 과정의 작업 영역과 작업자.

다면 의미가 없어진다. 건축가의 범위는 그래서 건축주부터 시작되어야 한다. 시공자가 정성을 들여 준공했다 해도 마무리 청소를 하는 인부가 제대로 하지 못한다면 이 또한 건축물에 오류로 남을 수 있다. 따라서 마지막 청소를 하는 인부까지 모두 건축가다.

하나의 건축물을 완성하기 위해 많은 분야가 공동으로 작업한다. 이 범위를 크게 나누어보면 앞에서 언급한 것처럼 3파트지만 직접적으로 작업하는 것은 설계자와 시공자다. 그러나 설계자에 비해 시공자를 건축가의 범주에서 제외시키는 경우가 많은데, 이는 상당히 잘못된 인식이다. 시공자가 오히려 설계에 더 많은 지식을 갖고 있다. 설계 과정은 건축의 일부일 뿐이다. 설계는 시공할 때 얼마든지 변경될 소지가 있다. 시공은 현장이라는 무대에서 이루어지기 때문에 가변적이고, 언제나 상황에 민감하다.

건축은 이렇게 설계와 시공, 이 2개의 파트가 완성될 때 빛을 발한다. 세상에는 시공을 하지 못하고 설계에만 머문 건축물이 많다. 이는 반쪽의 완성이다. 시공이 따르지 않는 설계는 사람들에게 의미가 없다.

건축은 또한 건축가와 일반인이라는 2파트로 나뉜다. 건축가는 건축의 전문가이고, 일반인은 사용의 전문가다. 건축을 완성한다는 것은 바로 이 2파트의 전문가가 동시에 만족해야 되는 것이다.

루이스 칸, "건축물에는 건축이 없다"

 우리나라에는 루이스 칸의 건축을 좋아하는 사람이 많다. 아마도 그의 건축에 동양적인 철학이 담겨 있기 때문일 것이다. 그가 우리에게 주는 교훈 중의 하나가 바로 '건축과의 소통' 문제다. 그의 건축물은 대화 속에서 태어난 창조물이다.

작업을 하던 그는 어느 날 건축물에게 물었다. "건물아 건물아, 넌 무엇을 원하니?" 오랫동안 설계 작업을 하던 중 건축물이 진정 원하는 것을 주어야겠다는 생각이 든 것이다. "주인님, 저는 기억되고 싶어요." 우리는 생활하면서 많은 건축물을 보지만 그것을 다 기억하지는 못한다. 루이스 칸이 던진 이 한마디는 기억되는 건축물을 설계하라는 메시지를 담고 있다.

1-31 | 칸, 〈솔크 연구소(Salk Institute)〉, 미국 캘리포니아, 1959~1965.

그는 이러한 대화기법을 통해 우리에게 작업 태도에 대한 많은 메시지를 던져주었다. 이것이 그의 건축을 이해하는 중요한 키워드다. 그는 건축물을 마치 하나의 유기체처럼 다루었다. 각 기관이 정확하게 작동해야 건강하듯 루이스 칸의 건축물에서는 모든 디테일이 유기적으로 기능한다. 특히 빛이 설계 과정에서 중요한 요소로 작용했음을 그의 건축물은 잘 보여주고 있다.

또한 그는 작업 과정에서 엄격한 정도(正道)를 걸으려고 노력한다. 그의 작품들은 반복되지만 우주의 질서를 담고 있으며, 심오한 철학을 내포하고 있다. 선 하나에도 건축가의 의지가 담겨 있지 않은 것이 없다. 그렇지만 그의 작품에서 그의 철학과 정신을 다 파악할 수는 없다.

그래서 그는 "건축물에는 건축이 없다"라는 명언을 남겼다. 이 표현은, 하나의 건축물을 만들기 위해 많은 사람과 방대한 작업이 필요하다는 의미다. 건축물이 완성되기까지 일어난 모든 행위를 우리는 건축이라 말한다. 루이스 칸은 단순히 하나의 건축물을 보고 모든 것을 판단하지 말기를 바라는 마음에서 그렇게 표현한 것이다.

루이스 칸의 대표 작품으로는 〈예일 미술관〉(1951), 〈솔크 연구소〉(1959~1965), 〈필라델피아 도시 계획안〉(1953~1962), 〈킴벨 미술관〉(1966~1972), 〈방글라데시 국회의사당〉(1962~1976) 등이 있다.

건축은 기능과 미를
아우르는 종합예술

공학과 예술 사이에 발을 걸치고 있는 건축

　　　　　　　건축은 종합예술이라는 말을 많이 한다. 이는 하나
의 건축물을 완성하기 위해 건축가가 필요로 하는 정보가 많다는 뜻이
다. 과거에 뛰어난 건축가들을 보면 다른 어느 분야의 전문가들보다도
더 여러 분야에서 두각을 나타내는 경우가 많았다. 예를 들면 레오나르
도 다 빈치가 그렇다. 그는 하나의 특정 직업인으로 정의하기 어려울 만
큼 다양한 능력을 가졌지만, 다른 어떤 분야보다도 건축에서 더 많은 능

력을 발휘했다는 점이 눈에 띈다. 사실 미술과 과학 쪽의 능력도 건축 요소의 하나다.

이와 같이 건축은 예술이면서 기술이다. 즉 공학과 예술 사이에 발을 걸치고 있는 것이다. 예술을 기술로 만들고, 기술을 예술로 만드는 것이 건축이다. 지금보다 복잡하지 않았던 과거에는 다양한 경험과 지식을 갖고 있는 사람들이 건축을 하는 경우가 많았다. 사실은 건축이라는 분야를 따로 구분하지 않았고 모든 분야의 저변에 건축이 기본적으로 들어가 있었다. 건축은 모든 학문에서 모티프를 찾았고, 그것을 이용해 인간이 삶을 영위하는 데 이로운 것들을 접목시켰다. 그렇기 때문에 건축은 하나의 분야로 구분하기보다는 모든 분야의 집합체로 봐야 한다.

건축의 분야는 크게 기술과 예술로 나눌 수 있다. 이는 형태를 만드는 행위와 그 결과로 만들어진 형태를 기준으로 말하는 것이다. 이 과정에서 행해지는 모든 작업에는 인문학을 포함해 인간의 온갖 학문이 동원된다. 그 이유에는 인간이라는 존재가 있다. 건축은 궁극적으로 인간을 위한 작업으로서 특히 육체적 · 정신적 · 심리적인 세 영역으로 나눌 수 있다. 이 모든 것을 만족시켜야 좋은 건축물로 인정받을 수 있다.

건축을 전공한 사람들이 소설가, 시인, 가구 디자이너, 음악가, 사진가, 시계 디자이너 등 여러 분야로 진출하는 이유도 바로 건축의 특성에 있다. 반대로 다른 분야에서 일하던 사람이 건축에 입문하는 경우도 많다.

일본 건축가 안도 다다오는 기계를 만들던 사람이었다. 그는 기계 속에서 건축을 보았다. 기계의 정밀함과 질서 속에서 건축의 형태를 찾은 것이다. 그래서 그의 건축은 기계처럼 섬세하고, 질서를 갖고 있으며, 장식적이지 않고, 솔직한 형태로 건축의 심오한 철학을 담고 있다.

다니엘 리베스킨트(Daniel Libeskind, 1946~)는 음악가였다. 그는 음악

부재
구조물의 기본 뼈대를 이루는 데 중요한 요소가 되는 철재·목재 따위의 재료.

의 음률과 흐름 속에서 도시의 건축과 자유로움을 보았고, 자연의 허공에 떠다니는 소리 속에서 건축의 부유(浮遊)를 보았다. 그래서 그의 건축에는 언제나 무중력의 부유와 부재(部材)의 날카로움이 형태 안에 담겨 있다.

빅토르 오르타(Victor Horta, 1861~1947)는 비워진 벽을 하나의 캔버스로 보고, 그 벽이나 공간을 비워놓는 건축가들이 안타까워 건축의 영역으로 뛰어들었다. 그는 고요한 공간과 벽면에 생동감을 불어넣으면서 아르누보라는 새로운 영역을 건축과 미술에 등장시켰다. 이렇듯 건축은 미술·음악 등 다른 영역과 명확히 선을 그을 수 없다. 인간이라는 존재는 환경에 대해 너무도 섬세하게 다양하고 민감한 반응을 보이기 때문이다.

리베스킨트가 세상에 이름을 알리게 된 대표적인 건물은 〈유태인 박물관(Jewish Museum)〉이다.(1-32) 〈유태인 박물관〉은 건물의 내·외부에 제2차 세계대전 당시 유태인들의 고뇌와 고통을 그대로 읽을 수 있는 이미지가 잘 표현되어 있다. 이는 건축 표현(해체주의)의 하나로서 나타낸 것이다.

〈로열 온타리오 박물관(The Royal Ontario Museum)〉의 외관을 보면 여러 선이 불규칙적으로 나열된 것이 보인다. 마치 우주에 떠다니는 물체처럼 규칙이 없다.(1-33) 리베스킨트는 해체주의 표현 중에서도 부유의 의미를 잘 사용한 건축가다. 모든 것이 규격화되고 체계 속에 움직이는 지구와는 다르게 우주 공간을 각자의 의지에 따라 무중력 상태로 떠다니는 물체의 내성이 그대로 표현된 것이다.

빅토르 오르타와 아르누보는 하나다. 과거에서 탈피하고자 했던 근대

1-32 | 리베스킨트, 〈유태인 박물관〉, 독일 베를린, 1999.

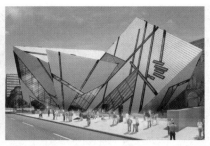

1-33 | 리베스킨트, 〈로열 온타리오 박물관〉, 캐나다 토론토, 2007.

에 아르누보는 분명 새로운 '아트(art)'임이 분명했다. 새로운 세상을 맞이하여 모든 예술가들이 세상 밖으로 뛰어나온 시기에 일본에서 건너온

일본문화(Japanism)는 큰 충격이었다. 특히 이 시기에 접하게 된 일본문화 속의 곡선은 과거에 존재하지 않았던 것으로, 이는 생명력이 강하고 새로운 시대에 걸맞은 문화라고 당시의 예술가들이 선택한 것이다. 이것을 건축에 활발하게 도입한 미술가이자 건축가가 바로 빅토르 오르타다.(1-34)

1-34 | 오르타, 〈오르타 박물관(Musée Horta)〉으로 지정된 4채 중의 하나인 타셀(Tassel) 주택의 내부. 벨기에 브뤼셀. 원래 이 건물은 오르타가 에드몽 타셀의 의뢰를 받아 1893년부터 1894년까지 건축한 것으로, 최초의 아르누보 양식 건축물로 간주된다.

건축을 이해하는 데 도움되는 교류

아리스토텔레스(Aristoteles)는 공간에 대해 "무엇인가 담을 수 있는 것"이라고 말했다. 이 정의는 무한한 상상을 할 수 있는

1-35 | 을지한빛거리, 서울, 2010. 일반적으로 공간을 만들어놓으면 의도적으로 변경하기 전에는 그 모습이 고정적인데 이 거리는 자체적으로 변화를 보이고 있다.

가능성을 갖고 있다. 여기에서 '무엇인가'라는 단어가 그 단초가 된다. 건축은 공간을 생산한다. 대부분의 사람들은 건축물 안에서 인간이 생활한다고 그 영역을 한계지어 생각하기 쉽다. 그러나 인간은 구체적이고 실질적인 존재일 뿐 인간이라는 존재 자체가 정의를 내리기 어려운 대상이다. 왜냐하면 인간은 신체적인 존재라기보다는 정신적이고 심리적인 존재라고 정의를 내리는 것이 더 이해하기 쉽기 때문이다. 인간을 다루는 학문은 이해 범위를 이렇게 확대시켜야 그 차원을 높일 수 있다.

인간에 관한 다른 학문과의 교류가 원활해야 건축을 이해하는 데 도움이 된다. 건축물을 단순히 콘크리트 덩어리로 본다면 이는 1차원적인 생각이다. 아무리 규모가 큰 건축물이라도 그것은 제한된 영역을 갖고 있다. 이러한 사실과 관련된 사고가 곧 건축 작업의 시작이다. 그리고 이것이 바로 건축에서 요구하는 공간철학과 심리학이다.

문명이 발달하고 인간의 심리가 점점 섬세해지는 요즘 '인터랙티브(interactive) 건축'이라는 단어가 등장하기 시작한 것은 이 때문이다. 이는 제한된 공간에 의한 수동적인 존재로서

인터랙티브 건축
인터랙티브는 '상호 간'의 뜻을 지닌 인터(inter-)와 '활동적'의 뜻을 지닌 액티브(active)의 합성어로, 쌍방향이라는 의미다. 이전의 건축공간에서 사용자가 수동적으로 주어진 공간을 사용하는 단순한 이용자였던 것과 달리 이제는 공간의 내용을 사용자 스스로 바꾸거나 사용자의 반응에 따라서 상호 대응하는 건축을 말한다.

의 사용자가 아니라, 공간을 사용하는 능동적인 존재로서의 인간이 대처하기를 바라는 기술의 진보로 현대문명이 풀어야 하는 과제다.(1-35)

근대 이전 수공업 형태는 기술보다는 '아트'가 더 강했던 시대로, 인간의 심리는 오히려 주요 과제가 아니었다. 애초에 작업 자체가 기술의 진보보다는 인간의 심리를 바탕으로 했기 때문이다. 그러나 근대는 기술이 인간의 심리를 앞서 가는 시대였다. 그렇기에 사람들은 진보된 기술을 바탕으로 하는 제품과 예술을 바탕으로 하는 제품을 놓고 갈등했다.

이 갈등이 첨예하게 표현된 것이 앙리 반 데 벨데(Henry Van de Velde, 1863~1957)와 헤르만 무테지우스(Hermann Muthesius, 1861~1927)의 논쟁이다. 반 데 벨데는 아르누보에서 모던 디자인으로의 전개를 추구한 건축가로서(1-36), 제품의 규격화를 추진하는 무테지우스에 맞서 작가의 예술성과 개성을 주장하며 논쟁을 벌였다.

그러나 육체적인 것은 단시간에 인간의 삶을 지배하는 능력을 갖고 있다. 기계에 밀려난 인간은 정신적으로 방황하며 심리적인 불만을 형태로 표현하게 되는데, 이것이 바로 표현주의다. 표현주의의 등장은 다른 학문에도 영향을 주었다.

이렇게 학문은 한 분야에만 머무는 것이 아니라 상호 영향을 주며 이는 건축도 마찬가지다. 특히 인간의 신체는 안락함을 추구하기 때문에 정신적이고 심리적인 면보다는 육체적인 안락함을 위해 기술이 급진적으로 발달하는데, 건축은 그 공학적인 기술의 혜택을 더 많이 받아들이

1-36 | 반 데 벨데, 〈빌라 호헨호프(Villa Hohenhof)〉, 독일 하겐, 1908.

고 있다. 이는 안락한 공간의 수요를 충족하고, 다양한 형태의 건축물을
시도하기 위한 것이다.

IT의 등장으로 더욱 넓어진 건축 분야

　　　　　　근대에 들어 인간이 먼저냐 기술이 먼저냐(형태주의
또는 기능주의) 하는 논쟁이 치열하게 벌어진 이유는, 그 두 가능성이 막상
막하였기 때문이다. 그러나 지금에 와서 이보다 더 강력한 것이 등장했
으니, 바로 IT(Information Technology)다.

　IT는 건축에만 국한된 것이 아니고 모든 학문에 영향을 끼쳤다. IT는
건축물을 스마트하게 만들고, 복잡한 구조도 실현 가능하게 하는 능력
을 보여주었다. 또한 경제적이고 안락한 공간을 만드는 데 필요한 설비
시스템에도 영향을 주었으며, 심지어 관리 시스템도 변화시켰다. 결국
IT는 공학이며, 지능형 빌딩 시스템 역시 공학의 도움으로 탄생했다. 지
능형 빌딩 시스템을 '인텔리전트 빌딩 시스템(Intelligent Building System)'
이라고 부르기도 한다.

　지능형 빌딩 시스템은 건물의 상태를 인간의 감각에 맡기는 것이 아니
라, 센서에 의해 데이터를 수집하는 효율적인 관리 시스템을 도입하여
건물 내 환경과 환기·습기·온도 등을 최적화 상태로 만들고, 첨단 정
보통신, 사무 자동화 등으로 통합해 관리의 첨단화를 꾀하는 시스템이
다. 이 시스템은 기존의 건축물에 수동적으로 대응하는 것이 아니라 사
용자로 하여금 능동적으로 대처하게 하고, 시스템 예약과 프로그램화를
통해 공간 안에서 사용자의 삶을 향상시킬 수 있도록 만든 것이다. 이는

특히 적절한 공간 내 환경을 데이터화하여 불필요한 에너지를 절약하고, 적정 온도와 습도를 자동 유지하는 시스템이다.

이러한 첨단공학의 기술이 추구하는 것은 인간의 삶을 유익하게 하는 것이다. 지금 세계는 에너지와 환경 문제를 해결하기 위해 모든 학문을 총동원하고 있다. 건축도 환경과 에너지 문제를 유발하는 부정적인 대상으로 지목되고 있기 때문에, 최첨단 기술을 접목해 이러한 위치에서 탈피하려 노력하고 있다.

건축물의 형태는 단순히 그 형태만을 목적으로 삼아 만들어져선 안 된다. 디자인은 기능과 미를 복합적으로 아우르는 과정에서 만들어지는 것이다(디자인=기능+미). 따라서 건축은 기능(공학)과 미(공학+예술)를 다루는 학문이 총동원되는 분야다.

건축물은 개별적인 공간이기 전에 이미 도시의 일부로 존재하며, 도시의 미관에 직접적인 영향을 주는 주체로서 도시의 건축은 인구정책과 도시의 미래 발전 계획 등을 감안해 설계된다. 이 과정에서 다양한 분석을 요하는 학문들이 총동원된다. 예를 들면 소음을 측정하는 분야, 교통 분석 및 예측, 그리고 인구의 이동 등과 같은 상황을 예측할 수 있는 데이터가 필요하다. 인간은 이렇게 기술적인 부분뿐 아니라 여러 가지 분야에서 영향을 받는다. 그러므로 설계 단계에서 이러한 사항들을 충분히 분석하고, 시뮬레이션을 통해 상황에 따라 모든 학문의 융합을 적용하려고 노력해야 한다. 그리고 이러한 사항들을 도면 작업에서 평면도 · 입면도 · 단면도라는 최소한의 표현 방법으로 나타낸다.

건축물을 완성하는 데 발주처의 이해도는 아주 중요하다. 앞의 3가지 도면뿐 아니라 이해를 높이기 위해 '조감도'(위에서 내려다본 모습)나 '투시도'(밑에서 올려다본 모습)로 나타내기도 한다. 이러한 표현은 미술에서 가

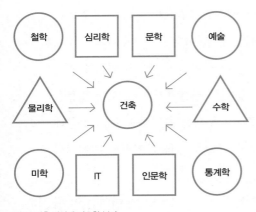

1-37 | 건축 작업에 필요한 분야.

져온 것으로, 2차원적인 표현으로는 이해하기가 어려운 부분을 좀 더 구체화해 3D로 표현한 것이다. 이 배경에는 몬드리안(Piet Mondrian)과 엘 리시츠키(El Lissitzky)라는 두 인물의 역할이 컸다. 또한 데 스틸(De Stijl)과 아방가르드(avant-garde)도 큰 역할을 했다.

몬드리안이 말하는 건축물은, 수직과 수평구조가 주를 이루었다. 이는 2차원적인 구성을 나타내는 것으로 몬드리안은 "모든 개체는 이 구성을 기본 원리로 가지고 있다"고 생각했다. 그러나 그와 절친한 사이임에도 불구하고 엘 리시츠키는 이에 동의하지 않았다. 엘 리시츠키는 피카소(Pablo Ruiz Picasso)의 큐비즘(cubism)의 기본 원리와도 일맥상통하는 이론으로, 깊이가 포함된 입체화된 형태가 더 현실에 가깝다고 생각함으로써 아방가르드의 시초를 이루는 3차원적인 이론을 제시했다.

현대에 와서 이러한 표현 방법을 좀 더 구체화하고 다양하게 할 수 있는 분야가 바로 컴퓨터와 관계된 학문이다. 이 학문들은 여러 가지 면에서 건축의 작업을 뒷받침하면서 폭넓은 상상력을 현실화하는 가능성을 열어놓고 있다. 현대의 건축물은 최첨단 기술을 보유하고 있으며, 모든 학문이 집약된 분야다.(1-37) 많은 학문과 교류하고, 그 정보를 바탕으로 건축물이 만들어지고 있지만 언제나 기준이 되는 것은 인간이다. 공간, 즉 건축물 내에서 인간으로 하여금 최대한의 안락함을 경험하게 하는 것이 궁극적인 목표이기 때문이다.

이상과 현실 사이에서
시대를 반영하는 건축

건축에서 현실과 이상이란?

지난 역사 속에서 건축은 의식주의 하나일 뿐이었다. 르네상스가 역사 속에서 등장하면서 중세와 고대를 나누었는데, 그 시기 구분에 대한 기준은 바로 시대적인 유사성이었다. 고대는 신인동형(神人同形), 그리고 중세는 기독교, 즉 신본주의가 바탕을 이룬 시기였다. 고대는 강력한 왕의 의지가 곧 절대적인 평가의 잣대가 되는 시기였고, 중세는 기독교적인 정신을 담고 있어야 올바른 방향을 설정한 것이었다.

신인동형
자연현상·동물·신·영혼 등에 인간의 형태나 특성을 귀속시키는 것이다. 신인동형론은 인간사와 자연적, 초자연적 영역 간의 관계를 자주 강조하는 수많은 종교와 우주론 체계에서 중심이 되는 이론이다.

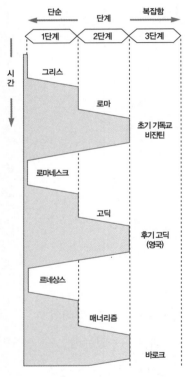

1-38 | 양식 전개의 3단계 사이클.

지금까지의 건축 역사를 보면, 건축물은 그 시대를 반영하고 있었다. 이는 시대적인 영향을 잘 반영했다고 볼 수도 있지만, 사실은 그 시대의 현실과 이상 사이에서 방황했음을 엿볼 수 있다. 그림 〔1-38〕처럼 초기에는 형태뿐 아니라 공간적인 구조도 단순했다가 점차 복잡해지고, 다시 단순해지는 과정을 반복한다. 이는 과도기적인 상황을 나타내는 것이다.(1-38) 여기서 시기적으로 보면 고대는 그 기간이 상대적으로 상당히 길었지만(이집트 경우 5,000년), 근대에 와서는 하나의 양식이 20년 또는 10년이라는 짧은 시간 속에서 등장했다가 사라지는 경우도 많았다.

근대에 들어서면서 변화의 주기가 과거에 비해 점차 짧아지는 이유는 건축의 방황이라기보다는 인간의 방황을 보여주는 것이다. 시민혁명 이전에 대부분의 예술가들은 후원자 제도라는 취지 아래 자신의 개성을 표현하려고 고민하지 않았다. 귀족의 주문대로 작품을 제작하기만 하면 되었기 때문에 경쟁할 필요도 없었고, 또 치열하지도 않았다. 그러나 시민혁명 이후 예술가의 독립은 곧 현실에 대한 적응 능력을 요구했고, 이에 굴복하지 않으려는 부류는 이상과 현실 사이에서 고군분투했다.

그렇다면 건축에서 현실과 이상은 무슨 의미를 가지고 있는가? 예를 들면 많은 건축가가 아파트에 대해 부정적인 인식을 갖고 있다. 부정적인 면과 긍정적인 면을 구분한다면, 근대 초기 도시는 인구정책이 수립되기 전 농촌에서 몰려드는 인구로 인해 많은 사회문제가 야기되었다. 좁은 도시 규모로 인해 과거에 정리해놓은 주거 영역이 침해되었다. 새로운 산업도시의 등장은 도시에 더욱 큰 혼란을 가져왔으며, 대규모 인구 이동은 근대가 풀어야 할 커다란 숙제로 다가왔다.

이러한 도시계획과 주거 문제를 정치적으로 해결하지 못하고 있을 때 건축가 르 코르뷔지에는 〈300만 주민을 위한 현대도시(Ville contemporaine pour 300 millions d'habitants)〉라는 도시계획안을 통해 그 해결책으로 아파트를 제시했다. 형태를 중시하고 공간 속에서 인간의 삶을 중시하던 건축가에게 아파트는 건축의 이상을 외면한, 너무나도 현실적인 해결책이었다. 르 코르뷔지에는 근대건축의 3대 거장 중 한 사람으로, 건축에 대한 인간의 이상을 제시한 뛰어난 건축가였다. 그런 그가 현실에 안주하는 것처럼 보이는 해결책을 제시했다는 것은 한편으로 건축가의 사회적 직무를 대변하는 것이기도 하다. 이는 바로 건축과 건축가가 나아갈 방향을 제시한 것으로 보인다.

제1차 세계대전 후 산업혁명 전선에 제일 늦게 뛰어든 독일은 현실과 이상 사이에서 고뇌했다. 산업혁명의 발원지인 영국의 시장을 조사하고 돌아온 독일은 너무도 현실적으로 흐르는 상황에서 이상과 현실의 선택이라는 어려움을 겪게 된다. 그래서 내놓은 것이 바

표준화
산업혁명 이후 대량생산에서 오는 질의 저하를 방지하기 위해 일정한 규격을 벗어나는 것을 탈락시키고자 만든 독일의 제도이다. 우리나라의 KS와 같은 것으로 독일에서는 'norm'이라고 칭했다.

로 '표준화(norm)'다. 산업혁명이라는 현실을 받아들이면서 그들이 선택한 표준화의 틀은 질의 저하를 막으려는 의도로서, 이상에서 멀어지지 않으려는 의지를 담고 있다. 이것이 지금까지 지켜져 독일의 산업화는 성공적인 발전을 계속하고 있다.

한편으로 이러한 내면에는 미래에 대한 준비도 담겨 있다. 화려하고 눈에 띄는 형태는 아니지만 독일의 형태는 이상을 담은 현실을 내포하고 있다. 특히 친환경과 제로 에너지(zero energy)에 대한 시도는 다른 나라의 형태적인 이상을 따르지 않으면서 미래의 현실을 이상으로 설정한 그들이 나아가고자 하는 방향이었다. 독일이 어느 나라보다도 친환경적인 부분에서 선도적인 역할을 한 이유가 바로 여기에 있다.

근대 이전의 건축은 형태를 의도적으로 추구한 것은 아니지만, 기술과 재료의 다양성이 떨어지는 단점이 있어서 사실상 기능을 중시한다고 볼수는 없었다. 그러므로 의도하지 않게 형태주의(기능은 형태를 따른다)적인 성격을 나타내는 것처럼 보였다. 그러나 근대의 기술 발달과 재료의 변화는 다양성을 추구하는 데 도움이 되었다. 특히 장식을 중요시하던 시대에 반하여 생겨난 만큼, 기능을 더 중요시해 기능주의(형태는 기능을 따른다)적인 성격을 보이게 되었다.

이러한 역사적인 맥락을 통해 우리는 미래를 엿볼 수 있다. 초기는 형태주의, 그리고 중간은 기능주의, 그렇다면 다음은 무엇일까? 그림 [1-38]을 보면 단순한 형태가 복잡해지다가 다시 단순해지는 순환을 보여주고 있다. 그렇다면 다음은 형태와 기능이 복합적으로 나타나는 양식이 등장할 차례다. 바로 지금의 시대가 그렇다. 지금의 시대에는 어느 한 부분만으로 만족하기 어렵다. 형태와 기능이 모두 담겨 있어야 한다.

학문적인 기준으로 보았을 때 순수한 방향과 그렇지 않은 방향을 설정해볼 수 있다. 그러나 어느 한편에서 옳고 그름을 따지기보다는, 앞에서 르 코르뷔지에가 아파트를 선보인 것처럼 시대적인 상황과 그 시대가 갖고 있는 문제를 푸는 것이 답이 될 수도 있다. 이를 우리는 모데(mode, 학문적으로 순수한 새로운 시도)와 대모데(大mode, 이미 나와 있는 것을 따

1-39 | 라이트, 〈낙수장〉, 미국 펜실베이니아 주 베어런, 1936.

라 하고 이를 연장하는 것, 유행)로 정의할 수 있다. 이는 선택사항이다. 그리고 경제적인 상황에 따라서 필요한 것이다.

프랭크 로이드 라이트가 건축한 〈낙수장(落水莊, Falling Water)〉이라는 건물이 있다.(1-39) 건축의 아버지로 불리는 전설적인 건축가 라이트의 걸작으로, 그의 건축학적인 이론과 건축가로서의 역량을 잘 볼 수 있는 주택이다. 라이트가 미국 펜실베이니아 주의 베어런 산 속에 카프만을 위해 세운 별장인데, '카프만 주택'이라는 원래 이름보다 '낙수장'이라는 별명으로 더 불리는 이유는, 집 밑으로 물이 흘러 떨어져 작은 폭포를 이루는 놀라운 구조 때문이다. 건물은 철근콘크리트를 이용해 시냇가와 작은 폭포 위에 지탱해놓았고, 모든 기둥은 굵은 암석으로 만들어 건물 전체가 마치 공중에 떠 있는 듯한 착각에 빠져들게 한다.

그런데 이 〈낙수장〉은 꽤 오랫동안 수리를 하고 있다. 그간의 수리비가 건축비의 몇 배가 들 정도였다니 이 또한 우리를 놀라게 한다. 그렇게 훌륭한 건물이 현 주택 소유자도 짜증을 낼 만큼 자주 수리를 한다는 사실을 어떻게 받아들여야 할까? 그렇다면 우리가 그 건축가를 떠올리며 갖는 이상은 어디에 있는가? 그 이상은 무엇을 말하는 것인가? 순간 머릿속이 복잡해지지만 일단 단순하게 생각해보자. "그런 건축물이 있어

기쁘지 아니한가?" 이것이 바로 답이다.

건축의 미래는 무엇인가?

때로 많은 사람들이 이름 없는 건축가의 건축물을 부정적인 시각으로 바라볼 때가 있다. 때로 많은 사람들이 너무 경제적인 건축물에 눈살을 찌푸리기도 한다. 때로 어떤 사람들은 투자한 것에 비해 미적으로 만족스럽지 않은 데 놀라기도 한다. 예술가와 건축주는 다르다. 그러나 이 둘 모두 건축에서 없어서는 안 되는 존재들이다. 〈피라미드〉는 규모가 크기 때문에 건축물인 게 아니라 그곳에 사람이 들어갈 수 있는 공간이 존재하기 때문에 건축물이다. 건축물이 미술이 아니고 건축인 이유는, 그곳에 사람을 위한 공간이 존재하기 때문이다. 건축은 끝없이 소통하는 대화와 같다. 인간의 심리가 매우 다양하고 섬세하기 때문이다. 건축의 미래는 형태주의도, 기능주의도 아닌 인간의 미래다.

그렇다면 인간의 미래로서 건축의 미래는 무엇인가? 답하기는 쉽지

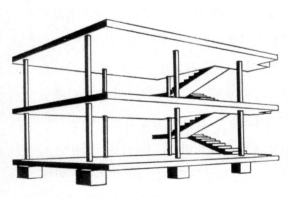

1-40 | 르 코르뷔지에, 〈도미노 시스템〉 계획안, 1914.

않다. 그러나 우리는 이 부분에서 르 코르뷔지에의 〈도미노 시스템(Domino System)〉을 살펴볼 필요가 있다.(1-40) 이 구조는 건축에서 아인슈타인의 상대성원리에 버금가는 위대한 발견이라 할 수 있다. 이

발견으로 인해 현대를 빠르게 앞당겼고, 고대부터 근대에 이르기까지 인류의 역사 속에서 이어져온 건축에 대한 모든 고민을 한번에 해결하게 되었다. 뿐만 아니라 이 시스템은 전 세계 모든 지역 구석구석까지 전파되어 주택에 대한 해결책을 제시했다.

〈도미노 시스템〉은 하나의 구조다. 미적으로 위대하지도 않고, 그 어떤 특별한 가치도

> **BIM**
> 과거 2차원 도면으로 구현하던 각종 시공 관련 정보를 3차원(3D) 가상현실로 바꿔 설계·공사 과정 등을 관리하는 기술이다. 이로써 건설 작업 과정에서 생성된 모든 정보를 데이터베이스화해 공사의 효율성을 높이고, 공기 단축, 공사비 절감 등의 효과를 기대할 수 있다.

찾아볼 수 없다. 그러나 여기에는 무한한 가능성이 담겨 있다. 이 구조에 추한 마감을 더하면 건물은 추해질 것이고, 아름다운 마감을 더한다면 이 형태는 또다시 아름답게 변신할 것이다. 즉 건축의 이상과 현실은 이 형태 안에 다 들어 있다. 이것이 바로 건축의 미래다.

IT의 발달로 건축 작업 방식 또한 달라지고 있는데, 특히 BIM(Building Information Modeling, 빌딩 정보 모델링)이라는 최첨단 3차원 설계기법이 폭넓게 적용되고 있다. 이제 건축은 환경과 에너지 문제를 유발하는 주범이 아니며, 스마트한 건축물로서 〈도미노 시스템〉을 활용해야 한다는 과제를 르 코르뷔지에가 우리에게 제시한 것이다.

르 코르뷔지에의 〈도미노 시스템〉

근대가 시작되면서 사회가 빠르게 변화하기 시작했다. 건축도 마찬가지였다. 근대가 시작되며 재료의 다양함과 기술의 발달은 새로운 것에 대한 자신감을 더욱 가속화시켰다.

그러나 건축에서는 시대적인 이점에도 불구하고 구조적인 변화를 꾀할 수 없어 다른 분야에 비해 변화의 폭이 크지 못했다. 특히 구조의 정체성은 건축물 자체를 다양화하는 데 걸림돌이 되었다. 그래서 근대 초기 건축은 단순히 인테리어 수준의 변화가 대부분이었다. 이것은 근대에 대한 열망이 가득한 지식인들에게 안타까운 일이었다. 니체는 『차라투스트라는 이렇게 말했다』라는 저서를 통해 그 시대의 영웅이 나오기를 호소했고, 근대를 향한 정체된 속도가 답답해 파리를 불태워버리고 싶다는 극단적인 표현도 서슴지 않았다.

이 시기에 샤를르 에두아르 잔느레(Charles-Edouard Jeanneret)라는 청년은, 건축 여행에서 돌아온 후 르 코르뷔지에라는 이름으로 자신이 이 시대가 요구하는 영웅임을 드러낸다. 그리고 중세부터 모든 건축가들이 고민해온 벽을 허물어버리는 계획안을 발표하는데, 그것이 바로 〈도미노 시스템〉이다.

이 시스템은, 두꺼운 벽에서 해방되고 싶다는 건축의 오래된 꿈을 마침내 이루어내는 충격 그 자체였다. 그가 전 세계의 모든 건축가들이 꿈꿔온 자유를 제시한 것이다. 하중이 벽이 아닌 기둥을 타고 오면서 이제 모든 건축물이 자유로운 벽을 갖게 되었다. 지금의 다양한 건축물은 이 〈도미노 시스템〉이 만든 것이라고 보아도 무방하다.

chapter 2

건축에 반영된 미술사,
미술사에 반영된 건축

——건축의 역사는 예술의 역사이자 인간의 역사이기도 하다. 건축이 인간의 삶과 밀접한 관계를 맺고 있기 때문이다. 오랜 시간 건축의 변화는 인간 삶의 변화와 그 속도를 같이해왔다. 초기 건축은 공간의 필요성에 의해 만들어지고, 공간을 형성하는 데에서 안전을 고려해 구조적인 부분부터 발달했지만, 점차 전 분야에 걸친 인간 문화의 발달로 인해 더 높은 목표를 지향하게 되었다. 인간들은 점차 자신들의 내면에 존재하는 더 좋은 환경에 대한 욕구를 실현하는 데 노력했으며, 이를 위해 서로 정보 교환과 교류를 활발히 하면서 지역에 맞는 건축물을 만들기 시작했다. 이 과정에서 건축은 건축 자체에 의한 변화뿐만 아니라 여러 분야에서 영향을 받았다. 건축을 종합예술이라 칭하는 이유가 바로 여기에 있다.

이러한 흐름 속에서 건축은 다른 어떤 예술 장르보다 미술과 함께 발전해왔다. 건축의 역사와 미술의 역사는 거의 동일한 선에서 출발하고 있다. 건축과 마찬가지로 미술도 인간의 정신세계에 바탕을 둔 영역이기 때문이다. 따라서 미술의 흐름이 건축에 어떻게 반영되었는지, 또는 당대의 건축이 미술양식에 어떤 영향을 끼쳤는지를 살펴보는 것은 매우 중요한 작업이다.

건축, 역사의 흐름 속에서
미술과 함께하다

건축의 역사는 곧 인간의 역사

건축의 역사는 곧 예술의 역사이며, 인간의 역사이기도 하다. 건축이 인간의 삶과 밀접한 관계를 갖고 있기 때문이다. 인간이 집단을 이루면서 살기 시작하고 조직적인 사회현상을 보이면서 건축도 변화하기 시작했다. 특히 정착생활을 하는 민족과 이동생활을 하는 민족의 건축은 확연히 다르게 표현되었다. 삶이 복잡해진다는 것은 그만큼 다른 공간을 필요로 한다는 것이다. 집단 속에서 공동체적인 생활을 하던 민족은 규모가 큰 공간을 필요로 했던 반면 소규모로 분화된 민족은 다양한 공간을 만들어갔다. 이는 이동할 때 규모에서 오는 불편함을 줄이기 위한 방법이었다. 초기 인간의 삶은 거주와 보관이라는 단순한 기능을 만족시키는 공간을 필요로 했다.

그러나 생활이 다양해지면서 공간의 세분화가 급격하게 이루어졌다. 이렇게 건축공간의 변화는 인간 삶의 변화와 그 속도를 같이한다. 이는 산업화의 변화에도 마찬가지였다. 단순히 생산과 소비만을 반복하던 산업구조에서 대량생산과 저장, 그리고 홍보라는 새로운 개념이 생기면서 건축의 공간도 이에 발맞추어 변화하기 시작했다. 가내수공업에 머물던 산업 형태가 생산을 담당하는 공장이라는 새로운 공간을 필요로 하게 되었으며, 공장에서 생산된 제품을 판매할 백화점이 생기고, 이를 홍보할 박람회가 만들어졌다.

이는 공간의 필요에 의한 변화였는데, 다양한 공간을 만들어내기 위한 변화는 건축뿐 아니라 여러 분야에서 영향을 받았다. 건축을 종합예술이라 칭하는 이유가 바로 여기에 있다. 인간의 다양한 감각을 만족시키기 위해 발전되어온 형태의 변화는 다양한 경로를 통해 들어오기도 하고, 건축 자체에서 발생하기도 했다.

건축은 인간의 역사가 시작되는 시기부터 그 유래를 찾을 수 있지만, 여기에서는 지금의 건축에 직접적인 영향을 주고 시기적으로도 명확하게 구분이 되는 고대부터 다루어보려고 한다.

사실상 초기 건축물은 인간에게 쉬운 게 아니었다. 형태를 떠나서 구조적으로 시작 단계였기 때문에 삶의 근본적인 문제를 해결하기 위한 모험이었다. 바닥과 벽, 그리고 지붕을 명확하게 구분 짓는 것보다는 외부와의 차단이 먼저 해결해야 할 과제였다. 형태를 구성하기보다는 안

2-1 | 나무집 만드는 과정을 묘사한 그림.

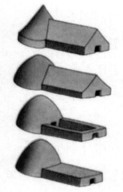
2-2 | 흙집 모형을 묘사한 그림.

정적인 것을 우선시했고, 계획적인 형태를 만들기보다는 주어진 환경에 순응하며 주변에서 쉽게 구할 수 있는 재료로 만들었다. 이러한 반복적인 작업을 통해 지식이 축적되었고, 점차 능동적인 건축 형태를 얻는 것도 수월해졌다. 초창기 사람들은 나무처럼 주변에서 구하기 쉬운 재료로 집을 짓기 시작했다.(2-1)

그러나 정착생활을 함에 따라 좀 더 튼튼하고 견고한 구조를 원하게 되면서 나무보다 오래 견디는 재료로 흙을 사용하기 시작했다.(2-2) 이 시기에는 재료 면에서 발달을 했지만 지역에 적합하고 생활에 맞는 건축구조를 형성하지는 못했다. 사람들은 점차 자신들의 내면에 존재하는 더 좋은 환경에 대한 욕구를 실현하는 데 노력했으며, 이를 위해 서로 정보 교환과 교류를 활발히 하면서 지역에 맞는 건축물을 만들기 시작했다.

사람들은 점차 건축물의 기본 기능인 자연으로부터 인간을 보호하는 역할뿐 아니라 정신적인 부분도 만족시키면서 사회적인 신분과 역할도 반영한 건축물의 형태를 만들어갔다. 그러나 초창기 건축물의 형태가 다양하게 출현하지 못한 가장 큰 이유는 구조에 대한 지식 부족 때문이었다. 새로운 형태의 건축물에 대한 욕구는 점차 확장되었지만 안전한 건축물의 형태를 만드는 것이 더 급한 일이었다. 이러한 현상은 너무나 자연스러운 모습이었다. 창조에서 우선적인 것이 바로 안전이다. 우리는 그것을 기능이라고 본다. 이 기능적인 부분이 해결되어야 다음 단계인 형태의 자유로움을 시도할 수 있는 것이다. 이것이 바로 디자인(디자인=기능+형태)의 정의다.

초창기에 목조의 사용은 이미 구조가 결정되어 있었기에 다양한 형태를 구성하는 데 어려움이 많았다. 그 후 흙을 사용했는데, 흙은 목조보다 견고하기는 했지만 지속적이지 못했다. 그래서 돌을 사용한 석조를 통해 좀 더 견고하고 다양한 형태를 시도할 수 있었다.(2-3) 그러나 다양한 형태는 다양한 구조를 요구했다. 구조는 곧 하중(荷重)의 흐름이다. 위에서부터 전해지는 무게를 기초까지 어떻게 안전하게 전달시키는가 하는 것이 해결해야 할 문제였다. 그 해결책이 바로 다양한 형태의 시작이다. 또한 이 발달이 바로 건축 역사의 발달이다.

초기 건축은 공간의 필요성에 의해 만들어지고, 공간을 형성하는 데 안전을 고려해 구조적인 부분부터 발달했지만, 점차 전 분야에 걸친 인간 문화의 발달로 인해 더 높은 목표를 지향하게 되었다. 건축에서도 마찬가지로 구조의 안정화만으로는 세분화된 인간의 욕구를 만족시킬 수 없었다. 그래서 2차적으로 발달하게 된 것이 형태의 변화다. 형태는 다양한 외곽선에 의해 만들어지지만 그 이상의 의미를 담고 있었다. 사회적인 지위뿐 아니라 경제적인 차이를 보이기도 했지만 가장 큰 차이는 취향이었다. 이 취향의 주도자는 개인일 때도 있지만 시대를 이끌어가는 상황이 주를 이루었으며, 지역적인 차이에서도 많이 발생했다.

인간의 능력이 발달하자, 그 능력의 한계를 시험하는 듯 인간은 끝없이 새로운 것을 시도하면서 삶의 질을 높이려고 했

2-3 │ 대리석으로 만든 〈파르테논 신전〉, 그리스 아테네, 기원전 4세기경.

다. 건축에도 이러한 현상이 잘 나타나고 있으며 이것이 건축 역사의 주를 이루고 있다. 물론 이 배경에는 정치적인 것도 있지만 그것은 일시적인 현상으로 머물렀고, 인간의 다양한 삶을 바꾸는 데 결코 지속적인 영향을 줄 수는 없었다.

건축의 역사는 크게 고대, 중세, 뉴타임(르네상스), 모던, 그리고 포스트모던으로 구분할 수 있다. 이 구분의 주축은 르네상스다. 르네상스 시대 사람들은 자신들의 사고가 첨단임을 증명하기 위해 이렇게 시대적인 구분을 해놓은 것이다.

미술과 함께해온 건축의 역사

이러한 흐름 속에서 건축은 다른 어떤 예술 장르보다 미술과 함께해왔다. 건축의 역사와 미술의 역사는 거의 동일하게 출발하고 있다. 미술도 인간의 정신세계를 주로 다루는 분야이기 때문에 그 시대의 사람들이 정신세계의 근본을 어디에 두었는지 염두에 두어야 한다. 아르누보의 대표자 중 한 사람인 빅토르 오르타는 "건축가는 무엇 때문에 화가와 같이 대담해질 수 없는가?"[1]라는 질문을 던지면서 건축과 미술의 영역을 좁혀나갔다. 이 아르누보는 현재와 과거를 잇는 시점에 존재했다.

여기에서 '대담함'이라는 단어를 눈여겨볼 필요가 있다. 건축가는 공간을 만드는 작업을 많이 한다. 바닥을 만들고, 벽을 세우며, 그 위에 지붕을 얹는 것이 건축가의 주임무다. 그러나 오르타는 바닥 · 벽 · 지붕이 만들어지면서 새롭게 나타나는 면의 허전함을 보았다. 화가들의 작업은 면을 채우는 것이다. 그는 그 비워진 면을 채우면서 공간의 분위기를 바꾸어보고 싶었고, 그 비워진 면에 생동감 있는 요소가 들어가면 공간 또한 생동감을 갖게 된다고 보았다. 이러한 발상으로 아르누보를 시작하게 된 것이다.(2-4)

2-4 | 오르타, 〈오르타 박물관〉으로 지정된 4채 중의 하나인 타셀 주택의 내부, 벨기에 브뤼셀. 1893~1894.

이러한 오르타의 의도는 미술과 건축뿐 아니라 모든 분야에 영향을 주었다. 이것이 모더니즘의 시작이다. 모더니즘은 그 이전과 현대를 구분하는 경계로, 장기간에 걸친 중세의 독주가 다양한 방향으로 각 분야에 영향을 주게 된 것이다. 물론 중세에도 예술의 방향성은 있었다. 그러나 개인의 역량보다는 귀족이라는 일부 계층의 전유물로 전용되었기 때문에 예술의 다양성이 모더니즘보다 약했다. 이후 르네상스는 중세를 마감하고 산업혁명과 시민혁명의 발판이 되었으며, 그 후의 사회를 크게 바꾸어놓았다. 이 변화는 모든 예술의 시각적인 사고를 바꾸어놓았다.

우리는 역사적 배경을 배제하고 예술품을 감상할 수 없다. 음악과 미술, 건축 등은 이러한 배경을 바탕으로 시작되었다. 고대문화는 종교를 바탕으로 이해해야 한다. 예술의 바탕이 되었던 종교는 그 시대의 다양한 특징을 나타내고 있으며, 사람의 생활 형태와도 밀접한 관계가 있다. 이것이 예술에 그대로 반영된 것이다.

유럽에서 모더니즘이 시작되기 이전에 예술은 당시의 정치, 종교, 민간의 삶과 긴밀하게 연결되어 있었다. 이를 시대적으로 크게 나누어본다면, 각 시대별로 특징이 잘 드러난다. 고대의 예술은 신화를 바탕으로 한 신인동형의 관념이 지배적이었고, 중세에는 기독교가 모든 예술행위의 판단 기준이었으며, 뉴타임이라 부르는 르네상스 시대부터 그 기준이 인간 중심이 되면서 예술의 주체가 개인으로 바뀌었다.

르네상스 이후 발달한 과학은 사람들을 바다 바깥의 더 넓은 세상으로 나아갈 수 있게 했고, 곧 식민지가 생겨났다. 식민지에서 가져온 자원으로 새로운 재료가 사용되기 시작했을 뿐만 아니라, 산업이 발달하면서 새로운 사회구조가 만들어졌다. 제한된 소규모 집단에 의해 주도되던 과거와는 달리, 근대예술은 새로운 재료와 새로운 시각, 그리고 새로운 사람들에 의해 다원화하기 시작했다. 모더니즘(modernism)은 관습에 반해 모든 정치적·사회적·개인적인 영역에서 변화를 가져왔다. 이러한 변화는 새로운 역사와 연결되어 폭발적으로 발전했으며, 17세기부터 시작된 정신적인 변화와 18세기 중반의 산업화, 18세기 말의 프랑스 혁명으로 인한 정치적인 변동, 19세기 초의 국수주의를 거쳐 예술사의 한 자리를 만들어갔다.

그리고 19세기 말부터 20세기 중반까지 다양한 모더니즘 예술이 등장했는데, 많은 이론이 장식을 부정하고, 산업혁명의 산물인 기계를 테마로 삼았다. 또한 개인의 심리가 예술로 표현되었는데, 모더니즘으로 시작된 이러한 경향은 오늘날의 예술에서도 적용되고 있다. 특히 모더니즘 미술은 다양한 사조를 발생시키며 운동의 형태로 전개되었다.

그러면 미술의 흐름이 건축에 어떻게 반영되었는지, 또는 당대의 건축이 미술양식에 어떤 영향을 끼쳤는지를 각 시대별·양식별로 살펴보도록 하겠다.

고대, 감성의 눈으로
건축과 미술을 보다

영혼의 집, 이집트 피라미드

　　예술의 구분은 고대에서부터 시작된다. 고대의 예술
은 중세에 커다란 영향을 미쳤지만, 이동이나 왕래가 쉽지 않았기 때문에
지역적인 성격을 많이 갖고 있었다. 서양 고대건축 하면 가장 먼저 이집
트의 〈피라미드(pyramid)〉를 떠올릴 수 있다.(2-5) 정삼각뿔 형태의 〈피라
미드〉는 이집트인들의 정서를 잘 형상화한 작품이다. 기계와 기술이 발
달한 지금과 비교하면 당시 사람들은 훨씬 감성적이었으며, 따라서 과학

2-5 | 〈피라미드〉, 이집트 기자, 제4왕조 시대 축조.

으로 증명할 수 없는 결과물을 만들어내는 경우가 많았다. 물론 〈피라미드〉는 철저히 과학적 원리를 바탕으로 하고 있지만, 정신적인 부분이 그 조성에 많은 역할을 했다. 어느 민족이든 그들에게 가장 풍부한 것이나 영향을 미치는 두려운 존재가 종교의 원천이 되는 경우가 많다.

이집트인들에게 '라(Ra)'라고 불리는 태양신의 존재는 모든 행위의 목적이었다. 그들은 육체와 영혼의 분리를 믿었는데, '카(Ka)'는 신이 인간에게 부여한 정신(영혼)이었다. 이 '카'가 사후에도 살아남아 육체로 되돌아온다고 믿었기에 미라의 보존은 필수적이었다. 그래서 〈피라미드〉를 만들었다. 〈피라미드〉는 왕의 무덤이기는 하지만, 지질학적이나 건축학적으로 상징적인 의미를 갖고 있다. 이집트인들은 왕을 신과 직접 소통하는 인물로 여겼기 때문에 왕의 무덤을 신전과 동일하게 생각했다.

〈피라미드〉의 중심부는 황색 석회암 벽돌로 만들어졌고, 외벽과 내부 통로는 그보다 입자가 고운 엷은 색조의 석회암으로 마감했으며, 내부의 미라 안치실은 커다란 화강암으로 만들었다. 현재는 석회암 내·외벽의 극히 일부만 남아 있지만, 중심부의 석회암 벽돌은 보존이 잘되어 있다. 〈피라미드〉가 긴 역사 속에서 살아남을 수 있었던 것은 안정된 형태

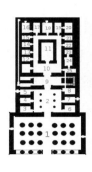

2-6 │ 세넨무트, 〈하트셉수트(Hatshepsut) 사원〉, 이집트 다이르 알바흐리, 기원전 1458.(오른쪽) 신전 내부 구조 평면.(왼쪽) 번호 1(하이퍼홀), 번호 2부터 신전 영역. 외부 인간의 영역과 신전이 직접적으로 연결되지 않고 하이퍼홀을 통해 연결된다. 이 하이퍼홀은 기독교에서 신전으로 들어가기 전 손을 씻는 행위와 같이 인간 영역의 흔적을 씻어내고 성스러운 공간으로 들어가는 것을 암시하는 영역이다. 이는 그리스 신전이 단 위에 놓인 것과 같은 원리다.

덕분이다. 〈피라미드〉는 어느 방향에서 힘이 작용하더라도 자체적으로 힘이 분산되는 안정적인 구조를 갖고 있다. 또한 사막의 단조로운 환경에 잘 어울리는 형태이기도 하다.

이집트가 그리스나 로마와 다른 점은 바로 〈피라미드〉를 가지고 있다는 것이다. 그렇다면 이집트에는 있는데 왜 그리스와 로마에는 없는 것일까? 우리는 〈피라미드〉를 왕의 무덤으로 보기 때문에 이러한 의문을 가질 수 있다. 그러나 그러한 이유보다는 이집트의 지역적인 특성 때문에 〈피라미드〉가 존재했었다고 이해해야 한다.

어느 나라에나 신전은 다 존재한다. 그런데 이집트 신전의 구조는 다른 나라와 많은 차이를 보인다. 이집트의 신왕국 시대에 신전이 많이 건축되었는데, 사막이 아니라 사람의 거주지와 가까운 곳에 세워졌음을 염두에 둘 필요가 있다. 〈피라미드〉는 사막에서 이정표 역할을 했지만, 신전은 종교적인 시설이었다. 특히 신전의 전실(前室)에 해당하는 하이퍼홀(hyperhall, 그림 [2-6]에서 번호 1)은 이집트 신전만이 갖고 있는 독특한 공간으로 인간과 신의 영역을 구분하는 완충공간이다.(2-6) 〈피라미드〉가 왕의 개인적인 공간인 반면 신전은 모두의 건물이다. 특히 왕을 신과 같은 존재로 여겼던 고대에 신전은 매우 중요한 구심점으로 작용했다.

그리스, 서양건축의 근본

그리스 예술은 이집트의 영향을 받았지만 사실은 많은 차이를 보이고 있다. 사막의 지평선이 이집트 예술에 많은 영향을 미쳤다면, 그리스의 험난한 산악지대는 풍부한 신화를 탄생시켰다. 이집트는 인간과 신을 명확하게 구분했지만 그리스는, "반대되는 것을 통합하는 것이 예술이다"라는 노르웨이의 건축이론가 노르베르그-슐츠(Christian Norberg-Schulz, 1926~2000)의 표현대로, 신화와 예술에서 인간과 신을 일치시키려 노력했다. 복잡한 지형에 좌절감을 느껴야 했던 그리스인들은 신화 속 신들을 통해 감정을 표현했고, 이를 좀 더 잘 표현하기 위해 섬세하고 정교한 규칙을 적용하기 시작했다. 이 섬세한 표현은 인체의 구조적 특징뿐만 아니라 심리적 묘사에까지 적용되었다. 그래서 이러한 섬세함이 서양미술의 근본이 된 것이다.

그리스 예술은 다양한 모습을 보여주는데, 건축물조차도 신에게 바치는 조형물과 같은 섬세함을 보이고 있다. 가령 건축물에는 황금분할(黃金分割, golden ratio) 같은 비례가 있고, 인체를 표현한 조형물에는 팔등신 법칙을 적용했다. 그리스 신전의 다양한 형태 또한 기둥의 법칙이나 비례의 원리를 알면 보는 재미가 더해진다. 그리스 신전의 특징은 기둥의 풍성함인데, 당시 거대한 신전을 짓는 데는 구조상 기둥이 필수적이었다. 그래서 남성적인 신전에는 남성의 힘을 상징하는 기둥〔도리스(Doris) 양식〕을, 여성적인 신전에는 가늘고 우아한 기둥〔이오니아(Ionic) 양식〕, 또는 화려한 기둥〔코린트(Corinthian) 양식〕을 사용하여 신들을 기쁘게 하려 했다.(2-7)

도리스 양식   이오니아 양식   코린트 양식

2-7 | 그리스의 3가지 기둥 형태.

일반적으로 그리스풍의 건물이라고 할 때는 다음 3가지 요소를 기본적으로 가지고 있어야 한다. 우선 지붕이 삼각형을 띠고, 그 아래 기둥이 있어야 하며, 지면으로부터 떨어진 단이 있어야 한다. 이는 원래 그리스 신전의 기본 요소였는데, 점차 그리스 건축의 특징으로 정착되었다. 현대에서도 이 그리스풍을 응용한 건물들이 많이 등장한다.(2-8)

2-8 | 그리스풍의 건물. 〈제2합중국은행(Second Bank of the United States)〉, 미국 필라델피아, 1824.

아치를 바탕으로 세계로 뻗어나간 로마

그리스 미술의 섬세함은 당시 모든 국가의 동경의 대상이었다. 앞서 말했듯 그리스 미술은 서양미술의 바탕이 되었는데, 이는 로마가 그리스를 점령한 후 그리스의 문화를 전파하는 데 중요한

역할을 했기 때문이다. 이집트 미술이 신화 속에 머물렀고, 그리스 미술이 인간의 모습을 한 신을 그렸다면, 로마는 예술의 초점을 인간에게 고정시켰다. 따라서 신의 질서가 아닌, 인간 중심의 실용적인 질서가 필요했다. 로마인들은 그리스에서 모든 배경을 가져왔지만, 이를 실용적이고 사실적으로 바꾸어나갔다. 그리스가 서양문화의 본질을 이루고 있다면 로마는 이를 서양문화로 발전시키고 계승하는 데 중요한 역할을 했다.

로마는 도시 전체를 사각형으로 구획을 나누었다. 그들에게 사각형은 질서를 의미하는 중요한 도형이었다.(2-9) 또한 이집트·그리스와 달리 로마는 자연을 지배하고자 했다. 그러나 이 욕구에는 그리스의 발달된 문화가 절대적으로 필요했기에, 로마는 그리스 문화의 바탕에 로마의 정신을 적용했다. 특히 로마인들이 공간이라는 개념을 보여준 것은 2차원에서 3차원으로 가는 단계로서 획기적인 것이라고 할 수 있다.

로마인들은 건물의 외적인 것보다 내적인 공간에 관심을 가졌고, 그러다 보니 내적으로 더 큰 공간을 원하게 되었다. 예를 들어 그리스의 기둥과 비례관계는 건축물을 만드는 데 좋은 방법이었지만, 그리스의 건축물보다 더 넓은 공간을 가진 건축물을 짓고자 한 로마에게는 맞지 않았다. 넓은 건축공간에 그리스 양식을 그대로 적용하면 위에 얹힌 보가 가운데로 처져서 붕괴의 위험이 있었기 때문이었다. 로마인들은 그것이 위에서 수직으로 내려오는 하중 때문이라는 것을 깨닫고, 하중의 부담을 덜면 훨씬 넓은 공간을 조성할 수 있다는 것을 알았다.

그래서 로마인들은 하중의 부담을 더는 방법 중의 하나로 각도를 고려하기 시작했다. 이러한 각도를 얻으려면 위에 얹은 보가 수평이 되어서는 안 된다는 것을 깨닫고 생각해낸 것이 바로 '아치(arch)'다. 아치는 위에서 내려오는 하중을 각도를 주면서 분산시켜 집중적으로 부담을 주지 않고 미끄러지듯 내려온다. 기둥이 밖으로 휘어지려는 성질 때문에 반드시 기둥의 바깥에 벽이 지탱되어야 하는 부담감과, 폭이 넓어지는 만큼 높이도 높아져야 한다는 단점

2-10 | 아치의 원리를 이용한 〈티투스 개선문(Arco di Tito)〉, 이탈리아 로마, 82.

이 있지만, 로마인들은 자신들이 원하는 공간을 얻기 위해 그리스와 다른 선택을 했던 것이다.(2-10)

사실상 로마가 그리스보다 더 큰 공간을 얻게 된 데는 건축재료도 큰 몫을 차지했다. 건축재료는 그 지역의 특성에 맞는 건축물을 짓는 데 중요한 역할을 한다. 사막에 위치한 이집트는 시간이 흐르면서 개체 간에 결합을 보여주는 특성을 지닌 사암(沙巖)을 건축물 외부의 주재료로 썼다. 그리스는 주변에서 쉽게 구할 수 있는 대리석을 이용해서 사암보다 정교한 가공을 통해 보다 섬세한 건물을 지을 수 있었다. 화산이 많았던 로마도 손쉽게 구할 수 있는 화산재를 이용해 벽돌을 구울 수 있었고, 이 벽돌을 쌓아 아치를 만들었다.

로마인들에게 아치는 엄청난 발견이었다. 이 아치야말로 로마인들이 세계로 나아갈 수 있는 길을 만들어주었다. 아치는 일반 건축물뿐 아니라 다리와 수로에도 적극적으로 이용되었다.(2-11) 로마 시대에는 수많은

2-11 | 로마 수도교 〈퐁 뒤 가르〉, 프랑스 가르 현, 기원전 19년경. 아랫부분이 다리 역할을, 윗부분이 수로 역할을 한다.

다리가 세워졌는데, 이 다리는 로마의 길들을 연결해주었다. "모든 길은 로마로 통한다(All roads lead to Rome)"라는 말을 있게 한 역할을 아치형 다리가 담당한 것이다. 또한 목욕 문화에 관심이 높았던 로마인들은 도시로 물을 끌어들이기 위해 방대한 수로시설을 갖췄고, 이 수로 건축에 아치형 기술이 이용되었다. 로마는 아치형 기술을 원동력 삼아 통치력을 강화해나갔고, 점차 도시라는 형태를 제대로 갖춰나가며 로마 문명을 꽃 피웠다.

2-12 | 〈콜로세움〉, 이탈리아 로마, 70~80.

로마가 그리스와 이집트의 문화를 받아들여 이를 자신들의 문화로 융합했다는 것을 증명해주는 것 중의 하나가 바로 〈콜로세움 (Colosseum)〉이다.(2-12) 〈콜로세움〉은 이탈리아 로마에 위치한 원형 경기장인데, 이 건물에 쓰인 기둥을 보면 그리스의 3가지 기둥의 형태가 다 포함되어 있다. 3가지 다 사용하는 방식은 그리스가 일반적으로 쓰지 않는 방식이다. 이는 로마만이 사용한 방법으로 이집트와 그리스에는 이러한 형태가 존재하지 않는다.

〈판테온(Pantheon) 신전〉(모든 신을 위한 신전)도 로마의 문화를 잘 나타내주는 건물이다.(2-13, 2-14) 이 건물은 12신을 모시는 신전으로 로마의 발달된 건축기술을 잘 보여주고 있다. 아

2-13 │ 판니니(Giovanni Paolo Pannini), 〈로마 판테온의 내부〉, 1734, 내셔널갤러리, 미국 워싱턴.

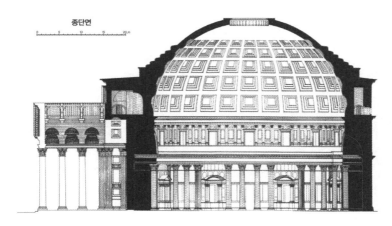

2-14 │ 〈판테온 신전〉의 단면도(출처: ArchitectureWeek.com).

치를 360도 돌리면 돔이 된다. 돔으로 지붕을 덮었고, 돔의 정 중앙에는 '눈'이라고 이름을 붙인 구멍이 있는데 사실상 이 구멍은 구조적인 문제 때문에 개방해놓은 것이다. 위에서 밑으로 내려올수록 벽 두께가 얇아지면서 발생하는 하중의 문제를 해결한 것이다. 원래는 돔의 둥근 면에 있는 홈 안에 금으로 된 장식이 있어 마치 밤하늘에 빛나는 수많은 별 같은 모습이었는데, 지금은 금 장식이 거의 다 사라진 상태로 남아 있다.

아치, 돔, 볼트의 원리

로마 건축에서 아치는 위대한 발명이다. 아치가 없었다면 돔도, 볼트도 존재하지 않았을 것이다. 이 3개는 서로 연관이 깊다. 아치가 2차원적인 요소라면 돔은 3차원적이며, 볼트는 여러 개의 공간을 만들 때 지붕의 하중을 줄이기 위해 필요한 구조다.

그리스 돌
이집트나 그리스에서는 돌을 얹어 집을 지었는데, 너비가 늘어나면 가운데가 내려앉으려고 했다.

아치
로마는 벽돌을 발명해 둥그런 아치를 만들어서 넓은 공간을 얻을 수가 있었다.

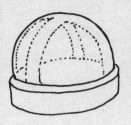

돔
아치를 여러 개 합쳐서 원을 그리면 둥그런 지붕이 되는데, 이것이 돔이다.

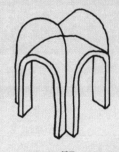

볼트
아치를 네 방향으로 연결하면 훨씬 튼튼한 지붕을 얹을 수 있는데, 이것이 볼트다.

건축 안에는 황금분할이 깃들어 있다

모든 형태 안에는 규칙이 들어 있다. 그래서 우리는 미술작품을 대할 때 피카소풍, 또는 고갱풍이라 일컫기도 하고, 음악을 들으면서 모차르트풍, 또는 베토벤풍이라고 말하기도 한다. 이유는 그 안에 담긴 그들만의 반복적인 규칙이 있기 때문이다. 이는 작가 고유의 작업 방식이다.

건축에서도 설계를 할 때 설계자의 작업 방식에 따른 배치 규칙이 있다. 이러한 규칙이 담겨 있는 작업 방식은 공간 인지 능력에도 도움을 주지만 구조적으로 안정된 형식을 만드는 데 기여하기도 한다. 이러한 규칙을 비례관계라고 부른다.

2-16 〈파르테논 신전〉에 적용된 황금분할.

2-17 | 인터넷 웹페이지에 적용된 황금분할.

가장 오래된 비례관계가 바로 그리스 시대부터 시작된 '황금분할'이다. 이 관계는 하나의 대상과 또 하나의 대상이 1:1.618이라는 크기 관계를 갖는 것을 말한다. 이 비례는 자연에 가장 흔하게 존재하는 형태로 우리에게 가장 익숙하다. 그래서 형태를 분할할 때 이 법칙을 적용하기도 한다.

중세, 신이 건축을
지배하다

고대 전통에 기독교가
더해진 비잔틴 문화

　　　　　　유럽에서 로마의 분열은 국가적 차원에서 진행되던
예술이 시대적이고 지역적인 활동으로 옮겨가는 기폭제가 되었다. 이
분열은 로마가 세계 제국의 정점에 도달하면서부터 예고되기 시작했다.
사실 로마는 1,000년에 걸친 영화를 누리면서도 광대한 영토를 유지하
기 위해 끊임없이 노력했다. 그러나 분열은 순식간이었다. 로마 제국은
서로마와 동로마로 분열되면서 역사 속에서 정리되기 시작했다.

분열된 로마를 재통일한 콘스탄티누스 황제(Constantinus the Great)는 권력의 기반을 다지기 위해 자신을 지지해줄 세력을 찾았다. 그러나 지상에서는 새로운 제국을 위한 조직을 찾을 수 없었고, 그 와중에 지하에 숨은 거대 세력이 존재함을 알게 되었다. 그들이 바로 당시 격렬하게 탄압받았던 기독교인들이었다. 기독교인들은 어려운 상황에서도 놀라운 결집력을 보여주었으며, 그들이 원하는 것은 오직 자유로운 종교 활동의 보장뿐이었다. 콘스탄티누스 황제는 그들이 원하는 것을 약속하고 곧 지지를 얻게 되었다. 이 새로운 세력의 도움으로 콘스탄티누스 황제는 로마 제국을 재건할 수 있었다.

　　로마의 분열은 자칫 국가 차원의 전쟁을 야기할 가능성을 갖고 있었다. 과거 최강의 권력을 가졌던 로마 황제에 걸맞은 절대적 구심점이 필요한 상황에서 기독교의 등장은 흩어진 힘을 응집할 수 있는 계기가 되어주었다. 콘스탄티누스 황제는 수도를 비잔티움(Byzantium, 지금

2-17 │ 〈초기 예수상〉, 700년경, 카타리나 수도원, 이집트 시나이 산.

2-18 │ 페이디아스, 〈제우스상〉, 기원전 456, 러시아 상트페테르부르크. 과거 절대 권력자의 이상적인 모습.

의 이스탄불)으로 옮기면서 새로운 역사의 시
작을 알렸다. 그래서 이곳을 콘스탄티노플
(Constantinople)이라고도 부르는 것이다. 바로
여기에서부터 고대의 전통에 기독교적 요소
가 더해진 비잔틴(Byzantine) 문화가 시작된다.

기독교의 빠른 전파로 인해 예술 또한 개
인적인 표현에서 유일신을 바탕으로 한 통일
된 표현으로 변화하기 시작했다. 건축물뿐만
아니라 모든 예술 표현에서 기독교의 상징이
나타났다. 이 과정에서 새롭게 등장한 것이
교회와 순례자였다. 모든 건축물과 예술작품

2-19 〈성 베드로상〉, 카타리나 수도원, 이집트
시나이산.

에 성경의 내용이 묘사됐으며, 순례자를 위한 건축시설이 등장하기 시
작했다.

또한 초기 기독교 활동에서 성경과 교인의 마음속에만 존재하던 예
수가 형상화되기 시작했다. 카타리나 수도원에 있는 〈초기 예수상(Christ
Pantocrator)〉(2-17)에서 예수의 한 손은 성경책을 들고, 다른 한 손은 절대
자의 손을 만들어 보이고 있다. 그러나 가장 표현하기 어려운 부분이 바
로 얼굴 표정이었다. 다양한 종교가 허용되던 고대와는 달리 기독교는
모든 표현에 유일신의 절대성을 담아야 했기 때문이다. 그래서 〈초기 예
수상〉에는 고대 신화의 절대 권력자였던 제우스의 이미지가 도입되었
다.(2-18) 양쪽으로 처진 콧수염과 턱을 덮는 턱수염, 좌우로 넘긴 머리
형태가 그 이미지를 잘 보여주고 있다.

또한 〈성 베드로상〉을 보면 마치 사진처럼 얼굴이나 의복의 명암을 모
두 표현하려 한 것이 보인다.(2-19) 이러한 표현을 통해 베드로를 사실적

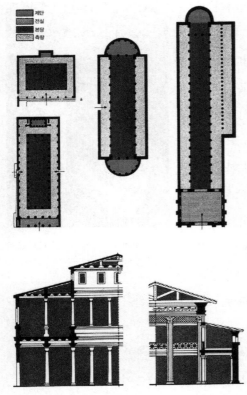

2-20 | 로마식 바실리카 타입의 평면도와 단면도.

으로, 생존해 있는 것과 같은 느낌을 주려고 시도했다. 물론 중세에는 정확한 묘사보다는 종교의 신성함을 표현해야 했기 때문에 이를 사실적으로 표현하는 것이 무리임을 알고 있었다. 그래서 중세인들은 황금색의 두광과 화면 위 메달 등의 상징적인 표현도 같이 사용했다. 이것이 바로 예술에 인간의 시각을 반영했던 분위기는 사라지고, 전달의 매개체로서 상징이 우선되는 중세의 시작이다. 르네상스 시대의 예술이 인간의 심리적인 표현으로 방향전환을 하게 된 원인이 바로 여기에 있다.

유일신 사상이 바탕에 깔려 있는 기독교에서 우상숭배는 금기다. 그러나 고대의 잔재가 남아 있었던 초기의 기독교 문화권이나 비잔티움에는 곳곳에 우상을 상징하는 유물이 남아 있었는데, 이 우상은 예술작품에도 등장했다. 이를 금지하기 위해 717년 레오 3세는 우상과 관련된 모든 유물의 파괴를 지시했다.

이러한 종교적 · 사회적 경향은 건축물의 평면도에도 나타나 있다. 로마 건축의 평면도(2-20)와 비잔틴 건축의 평면도(2-21)를 비교해보면, 그 차이가 확연히 드러난다. 로마는 일정하고, 질서정연하며, 우주적인 방위체계를 갖고 있었다. 공간은 언제나 통로의 개념을 나타내려고 노력했으며, 바실리카(basilica)도 본래의 기능에 따른 순수한 형태였다. 그러나 비잔티움에 와서 바실리카는 좀 더 외향적인 형태를 띠기 시작했는데, 여기에는 유럽과 아시아의 만남이라는 지역적 요인도 작용했지만 가장 크게 영향을 미친 것은 종교였다. 통로는 방향을 설정하고, 상징적인 의미를 나타내려고 시도하게 된다. 즉 신의 영역인 제단과 인간의 영역인 입구, 이 두 공간을 연결하는 영역을 좁고 길게

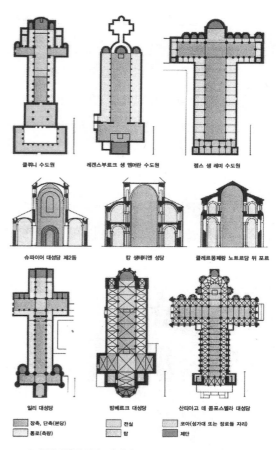

클뤼니 수도원　　레겐스부르크 생 엠머란 수도원　　렝스 생 레미 수도원

슈파이어 대성당 제2동　　캉 생테티엔 성당　　클레르몽페랑 노트르담 뒤 포르

일리 대성당　　밤베르크 대성당　　산티아고 데 콤포스텔라 대성당

■ 장축, 단축(본당)　■ 전실　■ 코아(성가대 또는 창로를 자리)
■ 통로(측랑)　■ 탑　■ 제단

2-21 │ 비잔틴 건축의 평면도와 단면도.

만들어 신성한 의미를 부여했다. 비잔티움의 공간은 인간의 공간이 아니라 복잡한 신의 공간으로 변형되고 있었음을, 로마와 비잔티움 사이에 있었던 초기 기독교 건축의 평면과 비교하면 더 잘 파악할 수 있다.

바실리카
로마 시대의 법정이나 상업거래소 · 집회장으로 사용된 공공건축물. 교회건축 형식의 기조를 이루었고, 로마네스크와 고딕식 성당 건축에 영향을 미쳤다. 과거 대부분의 평면은 이 바실리카처럼 직사각형의 형태를 유지했는데 이것이 서양건축 평면의 시초다.

로마풍을 중세식으로 재현한 로마네스크

로마에 의해 억압당했던 기독교는 이렇듯 중세 문화의 본바탕이 되었다. 긴 역사 속에서 신의 존재는 절대적이었지만, 인간에게는 좀 더 실질적인 존재가 필요했다. 중세 사람들은 성인(聖人)을 신의 접속자로 생각하고, 그들의 유해(遺骸)나 그들이 사용한 물건을 신성하게 다루었다. 그러면서 그 유해나 물건을 숭배하는 새로운 의식이 만들어졌다. 유럽의 교회 중에는 지하에 성인의 유해나 물건을 보관하고 있는 곳이 많은데, 이것이 로마네스크(Romanesque) 양식의 출발점이었다.

2-22 | 로마식 양식의 건물에 방어를 의미하는 탑과 성벽이 추가되었다.

로마네스크는 로마의 풍을 따른다는 뜻으로, 반원과 로마식 아치를 사용한 건축양식이다. 황제를 중심으로 하는 중앙집권적 정치는 각 국가의 자율적인 형태로 변했고, 이를 대신하게 된 것이 교황이었다. 로마 멸망 이후 각 나라는 정치적으로는 독립되어 있었지만, 언제 전쟁이 터질지 모르는 불안정한 상태가 지속되고 있었다. 따라서 강력한 중앙집권체계가 필요해졌고, 그 결과 교황을 중심으로 정신의 중앙집권화가 이루어진 것이다. 로마식 중앙집권의 상징으로, 사람들은 로마의 것을 시대에 맞게 재현하기 시작했다.

예를 들어 정치적 불안 속에서 각 국가는 방어 수단을 구축했다. 자연스럽게 울타리가 만들어지고, 첨탑을 세워 경계를 표시했다. 울타리는 매우 견고해 성으로서의 기능을 충분히 수행했고, 탑은 멀리 볼 수 있게 해주었다. 이러한 수평적인 울타리와 수

2-23 | 로마네스크의 대표적 건물. 〈밤베르크 대성당(Bamberger-Dom)〉, 독일 밤베르크, 1012.

직적인 첨탑의 조합이 로마네스크의 특징이다. 로마네스크 이전의 건물들보다 더 많은 첨탑이 건물 외벽에 건설되었는데 이는 성벽으로서 울타리의 기능을 보강한 것이다.(2-22)

로마네스크 시대의 건축물을 자세히 살펴보면 반복적인 형태가 나타나는 것을 확인할 수 있다. 이는 곧 정세에 대한 불안감의 표현이다. 기독교가 왕권과 함께 사회 전반의 권력으로 자리를 잡아가고 있었지만, 당시 사람들은 신성한 상징과 구체적인 정치현실 사이에서 불안감을 감출 수 없었다. 이로 인해 울타리의 수요는 더욱 늘어났고, 심리적인 안정을 위해 교회의 필요성을 절실하게 느끼면서 점점 더 교황에게 의존하기 시작했다.

로마네스크 시대의 건축물은 창문보다는 기둥이나 아치를 주로 사용했고, 특히 볼트 기법으로 다양한 천장 조직을 표현했으며, 벽 깊숙이 들어간 공간이 신비로운 내부를 연출하기도 했다.(2-23) 즉 공간의 연결성, 아치와 볼트, 그리고 기둥의 모양으로 로마 시대를 재현한 것이다. 다만 로마 시대와 다른 점이 있다면, 로마는 당시의 위인들을 현실적으로 동상과 조각에 표현했는데, 로마네스크에서는 상징적인 종교적 표현으로 바뀌었다는 것이다.

첨탑형 아치로 신앙심을 표현한 고딕

로마네스크 양식은 로마 시대의 정치적 안정감에 대한 향수가 형태로 드러난 것이다. 즉 로마네스크는 물리적인 표현이었다. 이러한 형태가 안정되면서 심리적으로 표출되기 시작한 것이 바로 고딕(Gothic)이다. 그렇기 때문에 고딕은 로마네스크에서 시작되었다고 볼 수 있다. 고딕은 기독교의 안정을 통해 물질적 존재에서 정신적 존재로 승화하고자 물리적인 상태에서 형태의 해체를 시도했다. 지상으로 내려온 하늘이라는 개념으로, 환경과의 조화를 통해 이상적인 의미를 나타내려 했던 것이다.

고딕은 건축물이 선으로 만들어진 시대다. 이전의 강한 이미지에서 벗어나 주변과의 융합을 꾀했던 고딕은 형태를 해체하는 데 오히려 선을 사용했다. 고딕 양식의 예술가들은 돌로 만든 건축물이 맞나 싶을 정도로 형태를 조각적으로 섬세하게 분해하고 개방하여 조화를 이루려고 노력했다. 건축물의 입구를 보아도 고딕 양식이 얼마나 도시에 친근감을 보이려고 애썼는지 알 수 있다.

2-24 | 고딕 건축물의 디테일.

사실상 고딕이 주변환경과의 조화를 꾀하게 된 이유는 로마네스크의 순례자의 길과 연관이 있다. 이 길이 도시를 형성하는 역할을 했고, 도시화는 도시의 구성요소에 대해 생각하게 했으며, 결국 도시의 각 요소가 서로 조화를 이루어야 한다는 결론이 도출된 것이다. 노르베르그-슐츠는 중세도시를 살

2-25 | ⟨파리 노트르담 대성당(Cathédrale Notre-Dame de Paris)⟩, 프랑스 파리, 1163∼1345.

아 있는 유기체에 비유하여, "성벽은 단단한 껍질이고, 교회는 정교한 핵"이라고 표현했다. 유기체는 각 기관이 서로 조화를 이루어야 하며, 단일 기관은 존재의 의미가 없다. 이것이 고딕의 도시이며, 고딕 건물이 선택한 형태를 분해하는 선이다. 뚜렷한 형태는 오히려 그 주장하는 바가 인위적일 수 있으므로, 고딕은 그러한 구조를 탈피해 신비한 구조를 보여주려 했다.

　도시의 발달로 도시가 점점 밀집화하고 새로운 기능이 요구되었으므로, 순례자가 찾아다니던 영역에 뭔가 상징성을 부여해야 했다. 따라서 신앙의 상징으로 가늘고 높은 첨탑을 통해 하늘로 치솟은 수직적 형태를 강조했다.(2-24) 신비스럽고 영적이었던 종교는 이제 도시 안에서 시민들의 삶과 일체감을 가져야 했다. 도시 내에서 덩어리로 존재했던 다

2-26 | 스테인드글라스의 예(외부 1, 내부 2, 3, 4).

른 시대의 건물들에 비해 고딕 건물은 하나의 조각물처럼 만들어졌다. 인간이 보여줄 수 있는 모든 정성을 다해 건물 세밀한 곳까지 신앙심을 바탕으로 조각했다. 고딕은 신본주의와 인본주의의 경계에 있었기 때문에 어느 사조보다도 독특했고, 표현 방법도 달랐다.(2-25)

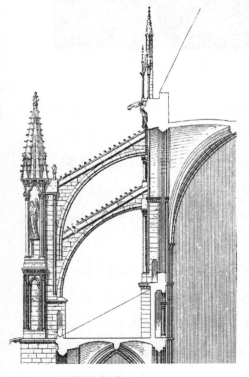

2-27 | 고딕의 플라잉 버트레스.

고딕 양식의 특징 중 하나인 스테인드글라스(stained glass)는 활자가 일반화되지 않아 성경을 읽지 못하는 시민에게 성경 내용을 알리고, 교회 내부를 종교적인 분위기로 만드는 데 좋은 수단이었다.(2-26) 두꺼운 벽으로 인해 내부 공간에 빛을 받아들이지 못했던 로마네스크 건축물의 문제를 스테인드글라스로 해결한 것이다.

따라서 고딕 시대의 장인들은 벽 두께를 줄이는 데 심혈을 기울여야 했는데, 신앙의 상징인 첨탑의 존재로 인해 불안한 벽의 하중은

'플라잉 버트레스(flying buttress)'라는 새로운 구조를 통해 보완했다.(2-27) 고딕 건축물은 뼈대의 조합이 되었고, 더 높이 올라가고자 했던 고딕 시대에 구조적인 다이어트는 필수였다. 이러한 형태는 이전 시대의 형태에 익숙한 사람들에게는 어색해 보일 수밖에 없었는데, '고딕'이라는 이름 또한 원래 '고트족의'라는 뜻으로서 경멸의 표현으로 붙여진 것이다.

> **플라잉 버트레스**
> 고딕 양식의 주요 구조기법의 하나다. 벽을 대신해서 지붕을 떠받치는 역할을 하는, 바깥으로 빠져나간 구조체를 말한다. 이로써 고딕 성당은 벽에 넓은 창문을 가지게 되었고, 빛을 실내로 많이 들여올 수 있었다.

로마네스크 건축의 3단 구성이란?

중세로 오면서 모든 부분에서 변화가 일어났고, 특히 정치적으로 로마 황제의 권력 약화가 건축물에 그대로 투영되었다. 대부분의 성벽이 요새화되고, 망루가 설치되는 형태를 갖게 된 것이다.

인간은 심리적인 동물로 자신의 심리상태를 외적으로 표현하고, 이를 정보로 활용하며, 그대로 행동으로 표현하기도 하는데, 중세에 들어서면서 표출된 정치적 불안이 로마네스크식 건축물에서 그대로 나타난 것이다.

이 시대의 건축물은 일반적으로 3층 구조로 되어 있었다. 1층은 다용도 영역으로 하인들의 공간과 마구간, 그 외 필요한 것을 보관하는 용도로 쓰였고, 2층은 외부인을 접견하는 용도로 쓰였으며, 3층은 사생활을 위한 영역으로 활용되었다.

여기서 흥미로운 것은 바로 계단의 재료였다. 1층에서 2층으로 올라가는 계단은 석재로 만들어 빈번한 통행으로 인한 소음을 줄였으며, 2층에서 3층으로 가는 계단은 나무로 만들어 누군가 올라올 때 소리를 들어 인기척을 느낄 수 있게 했다.

2-28 | 로마네스크 건축의 3단 구성. 〈슈파이어 대성당(Speyer Dom)〉, 독일 슈파이어, 1061.

르네상스,
인간의 건축으로 부활하다

고대문화를 재탄생시킨 르네상스

'Renaissance'는 're'(다시)와 'naissance'(만들다)가
조합된 단어이다. 중세라는 시대적 개념을 만든 것이 바로 르네상스다.
당시 르네상스인들은 고딕 시대까지를 중세라 불렀는데, 고딕 시대가
낳은 모든 작품을 흡족하게 생각하지 않았다. 즉 그들은 중세에 대항해
문화혁명을 일으킨 것이다. 르네상스인들은 중세 이전의 것, 즉 고대의
문화를 자신들의 개념 속에서 재탄생시켰다. 이 르네상스에 의해 중세

는 막을 내렸다.

르네상스인들이 고대에 사용됐던 부재들을 의도적으로 재도입한 것은 주목할 만한 사실이다. 중세의 형태는 대체로 분화되고 위계적인 성격이 강했고, 전체적으로 통합되어 있었다. 그러나 르네상스에 와서는 각각의 독립적인 형태에 부가적인 요소를 더해서 변화를 꾀했다. 중세의 건축이 종교적 가치관에 지배받았다면, 르네상스는 수학적 바탕에 근거를 두고 모든 것을 해결하려고 노력했다. 그렇다고 르네상스가 종교적인 건물을 배제한 것은 아니다. 단지 중세에 종교적인 것이 주를 이루었다면, 르네상스에서는 종교적인 것과 그렇지 않은 것을 구분했다. 물론 아직 종교적인 건물이 표본으로 자리매김하고 있기는 했다. 르네상스는 인간이 신을 벗어나 자연 속에서 창조성을 표현하고자 하는 우주적 사고가 점차 확대되어가고 있던 과도기였다.

중세의 모든 예술행위는 신의 작업을 표현하는 것에 국한되어 있었으나, 르네상스 시대에는 인간 스스로 예술에 미를 부여하는 자발적인 참여자가 된 것이다. 그렇다고 르네상스인들이 종교를 부정한 것은 아니었다. 그들은 교회를 건축할 때는 신성함을 표현했고, 그 외 건축물에는 수학적 비례나 기하학 등을 적용했다.

르네상스 시대에는 인간의 존엄성을 재발견하려는 시도로 중세에 비판적인 사상이 많이 등장했는데, 귀족사회를 풍자한 『돈키호테(Don Quixote)』나 교황청을 겨냥한 '지동설(地動說)' 등이 대표적인 예다. 여러 세기 동안 교회, 특히 교황청은 유럽 사회의 정치에 깊이 관여했다. 교회의 권력 및 부와 결탁한 각종 비리와 정치공작은 정신적 지주인 교회를 붕괴시키는 결과를 초래했다. 특히 교황이 〈산 피에트로 대성당(San Pietro Basilica)〉(성 베드로 대성당)을 신축하기 위해 면죄부를 발행하자 교회를 향한 비난은 극에 달했다.

이와 같은 상황 아래 독일에서 일
어난 종교개혁운동은 다른 유럽 지
역으로 점차 확산되어갔다. 종교개
혁은 인간이 종교의 족쇄에서 풀려
나기 위한 전주곡이었다. 이때 문
화의 여러 부분에서 인간의 도덕성
을 드러내기 위해 노력한 흔적이 발

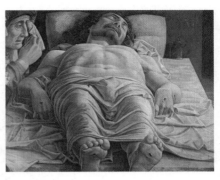

2-29 | 만테냐, 〈죽은 그리스도〉, 1490, 브레라 미술관, 이탈리
아 밀라노.

견된다. 성경 속 인물을 주인공으로 내세우거나 좌우에 권력자가 배치
되던 중세의 그림과 달리, 르네상스 회화에는 서민들의 일상생활을 다
룬 그림이 대거 등장했다. 예수를 그린 그림 또한 밑에서 위를 바라보는
관점에서 벗어나 수평적 관점이 많이 반영되었다. 과거에 종교적인 관
점에서 상징성을 강조했다면, 르네상스 미술에서는 다양한 인간 심리를
드러내려 시도했다.

안드레아 만테냐(Andrea Mantegna, 1431~1506)의 〈죽은 그리스도(Cristo
morto)〉는 많은 생각을 들게 하는 그림이다.(2-29) 예수의 얼굴을 이런 각
도에서 바라본 그림은 드물었다.

원근법에 의해 예수의 손과 발, 얼
굴이 다른 그림보다 크게 표현되
었으며, 무엇보다 여타 그림과 달
리 앙상한 신체가 자세히 표현되
지 않았다. 베개가 놓여 있는 것도
사뭇 의도적이다. 여인들이 무덤
에 도착했을 때는 이미 텅 비어 있

2-30 | 팔라디오, 〈빌라 로툰다〉, 이탈리아 비첸차, 1550~1553.

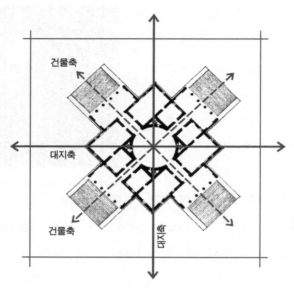

2-31 | 〈빌라 로툰다〉의 대지축.

였다는 성경 내용과 다르게 좀 더 인간적인 내용으로 표현된 그림이다.

　이러한 르네상스 시대의 대표적인 건물이 바로 〈빌라 로툰다(Villa Rotunda)〉다.(2-30) 그리스 신전을 그대로 옮겨놓은 듯한 이 건물은 팔라디오(Andrea Palladio, 1508~1580)가 설계했는데 기둥마저도 이오니아 양식을 따르고 있다. 과거의 건물과 큰 차이를 보이는 곳은 계단 양옆의 벽인데, 이 벽으로 인해 계단이 위로 올라갈수록 좁아 보이는 원근법이 잘 나타나고 있다. 건물 자체가 대지축을 따르는 기본적인 규제를 벗어나 방향을 45도 각도로 틀어서 배치된 것을 보아도 속박에서 탈피하고자 하는 의도를 읽을 수 있다.(2-31) 대지축은 곧 규범이며, 그에 따라 건물을 배치하는 것은 순종을 의미한다. 르네상스인들은 새로운 축을 만들어낸 것이다.

르네상스 건축의 3가지 원리

르네상스는 인간의 의도적인 장식이 발현되기 시작하는 시대다. 물론 고딕에도 장식적 요소는 많았으나 어느 정도 기능적인 역할을 내포하고 있었다. 그러나 르네상스의 장식은 오직 완벽한 형태를 지향하는 기하학적인 질서와 원리에 따라 발생되었다.

르네상스 시대의 가장 대표적인 건축가는 알베르티(Leon B. Alberti, 1404~1472)와 팔라디오인데, 알베르티는 "가장 완벽한 형태는 원"이라고 주장했고, 팔라디오는 "장식을 통해 세계가 더 아름다워지고, 조화를 이룬다"라고 말했다. 그들은 건축의 형태를 적용하는 데 3가지 원리를 따를 것을 주장했다. 가장 완벽한 형태는 교회 건물에 적용하고, 공공건물은 건축가 나름의 원리에 따라 건설하며, 사적인 건물은 이러한 규칙을 따르지 않는다는 것이었다. 이는 순종만을 요구하던 중세와의 결별을 의미하며, 종교건축, 공공건축, 사적인 건축의 분리를 통해 일정 부분 개인의 창조력을 발휘하고자 한 것이다.

르네상스의 종교개혁은 종교에 대한 불신을 조장한 것이 아니라, 종교의 타락을 막아보자는 의도에서 시작되었다.

즉 종교 타락의 원인은 예수가 아닌 인간에게 있었고, 그러한 인식은 그림 내용의 변화로 나타났다. 가장 큰 변화는 종교화에서 영광을 나타내는 머리 뒤 후광이 없어진 것이다. 중세의 그림에는 성인의 머리 뒤에 후광이 있었으나 르네상스에 와서 예수뿐 아니라 다른 성인의 머리에서도 후광이 사라졌다. 특히 피에

> **알베르티**
> 르네상스 시대 이탈리아의 대표적인 건축가이자 시인, 철학자, 성직자. 저서에 『건축론』이 있고, 대표작으로 리미니의 〈성 프란체스코 성당〉(1450) 등이 있다. 웅장한 내부 구조로 교회당의 장엄한 효과를 높이고, 로마 건축물의 전통을 살린 것으로 유명하다.

트로 페루지노(Pietro Perugino)의 〈성 베드로에게 천국의 열쇠를 주는 그리스도(La entrega de llaves a San Pedro)〉에서는 예수 앞에 무릎 꿇은 베드로의 모습을 통해 그러한 메시지를 전달하고자 했다. 일반적으로 그림 속에서 베드로는 천국의

2-32 | 페루지노, 〈성 베드로에게 천국의 열쇠를 주는 그리스도〉, 1481~1482, 바티칸 시스티나 성당에 그린 프레스코 벽화.

열쇠와 성경을 들고 있는데, 〈성 베드로에게 천국의 열쇠를 주는 그리스도〉에서는 단지 천국의 열쇠만을 갖고 있다. 이는 베드로에게 천국에 관한 권한이 없다는 사실을 강조함으로써 교황의 신격화를 반대한다는 메시지를 드러낸 것이다.(2-32)

예수와 베드로 뒤쪽에 있는 사람들을 살펴봐도 화가가 전달하고자 하는 내용이 담겨 있는 것을 알 수 있다. 그들은 각자 자신들의 일을 할 뿐 전면에 있는 사람들과는 대조적인 모습을 보이고 있는데, 이는 종교적인 것과 인간적인 것을 구분하려는 의도적 표현으로 볼 수 있다. 또한 이 작품에는 원근법이 적용되어 있는데, 가운데 건물의 돔은 르네상스인들이 고대의 부재를 재사용한다는 것을 보여주는 상징이다. 오른쪽 건물의 기둥들이 벽 속에 숨어 장식적인 요소로 사용되고 있는데, 이러한 점은 알베르티의 건축철학을 여실하게 보여주는 면이다. 멀리서는 마치 창문처럼 보이지만 실제로는 기둥으로, 신에게는 없

레오나르도 다 빈치
르네상스 시대의 이탈리아를 대표하는 천재적 미술가·과학자·기술자·사상가. 조각·건축·토목·수학·과학·음악에 이르기까지 다방면에 탁월한 재능을 보였고, 특히 원근법과 자연에의 과학적인 접근, 인간 신체의 해부학적 구조, 이에 따른 수학적 비율 등에 커다란 업적을 남겼다. 대표작으로 〈최후의 만찬〉〈모나리자〉가 있다.

는 착시현상이 인간에게는 일
어나고 있음을 느끼게 해준다.

레오나르도 다 빈치(Leonardo
da Vinci, 1452~1519)의 〈최후의
만찬(Cenacolo Vinciano)〉 또한
흥미로운 내용을 담고 있다.
다 빈치는 작품에 의도적으로

2-33 | 다 빈치, 〈최후의 만찬〉, 1495~1497, 산타마리아 델레 그라치에
성당, 이탈리아 밀라노.

그리스나 이집트 회화에서는 보이지 않는 수평적 요소인 수평 부재를
그려 넣고, 현실을 부각하기 위해 과도한 원근법을 사용했다.(2-33)

매너리즘은 왜 자연친화적인 건축을 지향했는가?

중세에서 르네상스로 넘어가는 것은 많은 것을 의미한다. 이는 모든 일에서 인간이 주체가 되는 것으로 정신적인 자유를 나타낸다. 그러나 이 자유에는 책임이 따랐다. 그것은 스스로 모든 것을 해내야 한다는 책임감이다. 그래서 사람들은 신인동형이라는 인간의 단점을 스스로 신격화하는 것으로 위로하려고 했다.

시작은 무난한 듯했지만, 시간이 지나면서 새로운 대상을 만나게 되었다. 그것은 바로 자연이었다. 과거에도 자연에 대한 공포는 있었지만 신앙으로 극복하려 했었고, 그 상황을 운명으로 받아들였다. 그러나 이제 인본주의 시대에 들어서서 스스로 모든 것을 해결해야 한다는 두려움이 생겨난 것이다.

2-34 | 매너리즘 양식. 발터 II(Andreas Walther II), 〈콜디츠 성 (Colditz Castle)〉의 입구, 독일 콜디츠, 1584.

2-35 | 르네상스 양식. 〈콜디츠 성〉 내부 감옥 입구, 독일 콜디츠, 1046.

이 두려움은 르네상스 말기에 두드러지게 나타나기 시작했다. 인간 스스로 극복해야 하는 자연에 대한 두려움이 생기기 시작한 것이다. 그래서 르네상스인들은 자연에 대한 두려움을 자연에 대한 친화력으로 바꾸려고 노력했다. 그 방법은 바로 자연을 곁에 두는 것이었다. 그리스인들이 신에 대한 두려움을 섬세한 조각으로 극복하려 했던 것처럼, 매너리즘 시대의 예술에는 르네상스보다 더 섬세함이 나타나기 시작했다. 자연과 친해지기 위해 정원을 만들었고, 모든 형태에 섬세함을 보이기 위해 장식적인 부분을 강화했다.

따라서 르네상스 시대의 아치와 매너리즘 시대의 아치를 비교해보면, 아치 가운데 등장한 머리돌과 기둥에 등장하는 세부 디자인, 그리고 화려한 장식 등에서 큰 차이를 보인다. 이는 인간의 단점과 두려움을 가리기 위해 장식을 활용했다는 사실을 보여주는 것이다.(2-34, 2-35)

근현대 미술과 건축,
모더니즘을 열다

과거를 해체하며 시작된 모더니즘

르네상스의 체계적인 조직과 매너리즘의 역동성은
바로크(baroque) 시대에 와서 비로소 통합된다. 르네상스를 거치며 매너
리즘이 등장하면서 인간의 정체성이 신본주의와는 많이 다르다는 것을
자각하게 되었다. 인간의 나약함은 곧 도전이 되고, 혼란스러움은 더 세
분화하려는 의지로 바뀌면서 인간은 정체성 회복에 더욱 노력하게 되었
다. 자연에 대한 두려움을 장식과 화려함으로 극복하듯이(매너리즘), 이

정체성에 대한 회복의지는 예술에
서 더욱더 복잡한 성향을 띠게 되었
다. 급기야는 상반된 것의 공존을 추
구하기 시작했는데, 이것이 바로 바
로크다.(2-36) 바로크는 한계를 갖고
있는 육체와 완전한 영혼(정신)을 하
나로 통합하려는 시도였다.

그래서 바로크는 사실 화려한 것
이 아니며, 일반인들에게는 다른 어
느 양식보다도 복잡해 보인다. 그 배
경에는 육체와 정신의 통합이라는
개념이 깔려 있다.

바로크에 와서 통합이라는 개념이
출발하는데 이것이 근대를 불러들이

2-36 | 베르니니(Gian Lorenzo Bernini, 1598~1680), 〈산
피에트로 대성당(바티칸 대성당)의 닫집(Baldachino)〉, 1633,
바티칸.

는 계기가 되었다. 종합하려면 체계가 해체되어야 하는데, 이 해체가 바
로 모더니즘의 시작을 알렸다. 오래전 고착됐던 신분, 인간과 신의 관계,
고정관념, 교황의 권위 등이 무너지는 새로운 시대가 열린 것이다. 귀족
과 평민이라는 신분은 시민혁명에 의해 해체되고, 산업혁명으로 인해
자본가와 노동자라는 새로운 관계가 만들어졌다. 기독교 및 이슬람교의
지역에서 점령국과 식민지가 만들어지고, 왕실과 교회가 사회적 역할을
상실하면서 정주지와 영역, 통로에 대한 새로운 개념이 형성되었다.

식민지는 새로운 문화를 보여주었고, 새 문화의 등장은 새로운 사고를
창출했다. 다양한 사건이 발생하면서 인간 존재 자체에 대한 인식은 점
점 의식화되어갔고, 그것은 새로운 시대에의 요구로 이어졌다. 새 시대

를 가능하게 했던 중요한 요인 중 하나는 무엇보다 재료의 변화였다. 석재와 목재가 주를 이루었던 이전 시대와 달리, 산업혁명을 거치면서 콘크리트 · 철 · 유리 등의 재료가 등장하기 시작한 것이다. 물론 이 재료들은 근대 이전에도 활용되었지만 주재료로 쓰이기보다는 부수적인 장식으로만 쓰였다.

식민지에서 가져온 원자재를 보관하기 위해 새로운 공간이 필요했고, 원자재를 가공하기 위한 대규모의 작업장이 요구되었다. 이 작업장을 사람들은 공장이라고 부르기 시작했다. 뿐만 아니라 공장에서 가공된 재료를 보관할 창고, 이 재료로 만들어진 작품을 전시할 전시장, 이를 판매할 사람과 회사도 필요해졌다. 사람들이 분석하고 이해하는 속도보다 더 빠르게 새로운 문화가 유입되면서 혼란스러운 상황이 이어졌다.

재료의 다양화는 산업혁명에 의해 대량생산이 가능해지면서 디자인에 관한 사고를 바꾸어놓았다. 19세기 말과 20세기 초에는 디자인의 과도기라고 할 만큼 디자인에 관한 무수한 이론들이 쏟아져 나왔다. 새로운 재료의 출현으로, 바로크 초기에는 숙련된 기술자나 건축가가 모더니즘을 이끌 수밖에 없었다. 석재와 목재에 익숙한 사람들은, 철과 유리, 콘크리트를 다룰 수 있는 기술자들에게 의지할 수밖에 없었다. 새로운 재료는 곧 새로운 디테일을 요구했는데, 디테일은 안전과 관계가 있기 때문이었다.

따라서 디자이너가 주도하던 시대는 막을 내리고, 기술적이고 구조적인 부분이 강조되기 시작했다. 근대 이전의 역사에서 교육받고 숙달된 기술자들이 만들어놓은 틀과 체계는 그 역할을 점점 잃어갔고, 새로운 시대에 맞는 새로운 관점이 쏟아져 나와 검증할 사이도 없이 빠른 속도로 변해갔다. 그 배경에는 여러 가지 요인이 있지만, 르네상스 시대부터 주를 이루었던 장식에 대한 거부감도 한몫했다. 또한 과거의 예술은 집단적으로 흘러왔지만, 사람들은 이제 진정으로 독창적인 가치를 지닌 작품을 만들기를 원했다.

모더니즘 예술은 관습에 반해 모든 분야에서 정치적 · 사회적 · 개인적인 변형을 보여주었다. 이러한 관점은 새로운 유럽 역사와 연결되어 급속도로 발전했다. 모더니즘은, 예를 들면 중세라고 부르는 것처럼 시기적인 구분이다. 당시 하나의 예술현상 속에서 역사적인 예를 찾을 수 없는 경우를 모더니즘 예술이라고 불렀다. 즉 이 경향은 과거의 흔적이 사라져가는 19세기의 흐름 속에서 시작되었다.

낭만주의(18세기 말~19세기) 시대에 이미 초기 모더니즘의 특징들이 드러나기 시작했기 때문에, 양식으로서 자리매김을 할 수 있는 문학적 의미로서의 모더니즘의 시작에는 거의 변화가 없었다. 당시 자연주의, 표현주의, 빈 분리파 등이 모더니즘 운동의 일환으로 인식되고 있었다.

모더니즘 건축의 등장

발터 그로피우스(Walter Gropius, 1883~1969)가 건축한 〈파구스 공장(Fagus Werke)〉은 모더니즘의 예시를 알리는 건물로 아주 유명하다. 유리창은 부유(浮游)를 상징하는데, 후에 〈바우하우스(Bauhaus)〉의 콘셉트가 된다. 입구 위에 있는 시계는 모더니즘의 기능주의를 알리는 상징(전혀 장식화되지 않은, 기능 위주의 심플한 디자인 시계)으로 널리 알려져 있다.(2-37)

건축양식의 통합을 보여준 모더니즘 건축가에는 프랭크 로이드 라이

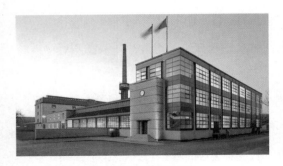

2-37 | 그로피우스, 〈파구스 공장〉, 독일 알펠트, 1910.

트와 르 코르뷔지에, 미스 반 데어 로에(Ludwig Mies van der Rohe, 1886~1969)가 있다. 특히 이들은 근대건축의 3대 거장으로 손꼽힌다. 그리고 독일의 '바우하우스'는 현대 건축문화의 시발점으로 평가되며, 오스트리아 건축가 아돌프 로스와 빈 분리파 또한 모더니즘 건축에서 중요한 자리를 차지한다.

19세기 말부터 20세기 중반까지 다양한 모더니즘 예술이 등장했는데 이들의 공통점은 바로크까지의 시각을 부정하는 데서 출발했다는 것이다. 많은 이론이 장식을 부정하고, 산업혁명의 산물인 기계를 테마로 삼았다.

특히 모더니즘 미술은 다양한 사조를 발생시키며 운동의 형태로 전개되었다. 서양에서 발생한 예술 경향이긴 하지만 우리는 현재 생활 속에서 모더니즘 이후의 미술양식을 자주 접하고 있다. 모더니즘에 대해 잘 이해하고 있으면 실제 생활에서도 이방인이 아니라 관찰자나 동행자의 위치에서 예술양식의 흐름을 잘 파악할 수 있을 것이다. 따라서 르네상스 이후의 근현대 미술운동이 건축에 어떻게 반영되었는지, 또는 당대의 건축이 미술양식에 어떤 영향을 끼쳤는지 살펴보는 것도 중요한 과제라 할 수 있다.

사실의 가치를 중시한
자연주의 · 사실주의 · 이상주의

    인간의 본성과 욕구에 주목한 르네상스에서 시작하여, 매너리즘에 와
서는 인간과 자연의 관계가 성립된다. 그리고 바로크에 와서 두 개념이
통합되어 인본주의는 막을 내리게 되는 것이다. 인간에게 자연의 존재
는 정체성을 찾는 데 필수적인 대상이었다. 자연을 정확히 이해하는 것
은 인간의 본성을 파악하기 위해서 꼭 필요한 일이었다. 곧 자연주의
(naturalism)는 사실주의(realism)와도 연관이 있고, 이상주의(idealism)와도
맞닿아 있다. 이상주의는 세계가 사람들의 관념 밖에 객관적으로 존재
하는 것을 부인하며, 현실세계와 모든 것을 '의식', '절대이념', '세계정

2-38 │ 쿠르베, 〈프랑크푸르트 암마인의 전경〉, 1858, 슈테델 미술관, 독일 프랑크푸르트.

신'의 산물로 본다. 이상주의와 뿌리를 같이하는 관념론은 의식 밖에 사물현상이 객관적으로 존재한다는 것을 거부함으로써 흔히 객관적 현실에 대한 인간 인식의 가능성을 부인한다.

독일의 정치학자 슈미트(Carl Schmitt)는 자연주의와 사실주의, 그리고 이상주의의 관계를 다음과 같이 정리했다. "자연주의가 외적인 정확성을 얻으려고 노력하는 동안 사실주의는 내적인 진실에 도달하려고 노력한다. 사실주의가 진실을 인식하려고 노력하는 동안 이상주의는 진실의 가치를 드높인다. 즉 자연주의와 사실주의, 이상주의 모두 사실에 대한 가치를 얻고자 하는 것이다."

프랑스의 화가 쿠르베(Gustave Courbet)는 최초의 모더니즘 운동이라고 할 수 있는 사실주의 미술의 대표적 인물이다. 프랑스 혁명 당시 친구들이 체포되거나 도피하거나 또는 정치적으로 전향하자, 쿠르베는 독일 프랑크푸르트로 여행을 떠난다. 이전에 자신의 아틀리에가 있었고, 어느 정도 명성을 떨치기도 했던 그곳에서 그는 휘슬러(James M. Whistler), 히퍼넌(Joanna Hiffernan), 모네(Claude Monet)를 만나면서 작품 활동을 재개한다. 그림 〈프랑크푸르트 암마인의 전경(Vue de Francfort sur le Main)〉은 이 시기에 그린 작품이다.(2-38)

이 그림에서 쿠르베는 사실적 표현보다는 풍경을 정확히 전달하려고 시도했다. 어두운 부분과 밝은 부분을 통해 중세 분위기를 표현했고, '옛

다리(Alte Brücke)'와 뢰머 시청사(Roemer Dom)의 배치로 공간감을 보여
주었으며, 붉은 사암을 통해 재질감을 표현하려 한 것도 보인다. 가운데
교회 건물을 통해 소실점을 명확하게 보여주면서 현실공간을 가능한 한
정확히 표현하고자 했다.

　이렇듯 자연주의 또는 사실주의 예술가들이 추구한 것은 사실성보다
는 대상의 정확성이었다. 이들의 작품에서 공통적으로 발견되는 요소는
다음과 같다.

　　공간감 ｜ 소실점 원근법, 색의 명도에 따른 원근법, 선명도 원근법, 그림자

　　입체감 ｜ 선 굵기에 따른 원근법, 그림자 원근법

　　재질감 ｜ 재료의 정확한 표현 등

　　정확한 표현 ｜ 소실점

　　해부학적인 정확성 ｜ 단일 또는 전체 형태

　　색의 정확성 ｜ 상대적인 또는 지역적인 색깔, 현상적인 색

아츠 앤 크래프츠,
아르누보, 유겐트스틸

예술과 수공예가 결합된
아츠 앤 크래프츠

아츠 앤 크래프츠(Arts and Crafts)는 19세기 중반 산업혁명으로 인한 기계화에 대항해 일어난 미술·공예의 개혁운동이다. 모더니즘 예술은 뭔가 새로운 것을 만들어내려는 데서 발생했다. 모더니즘 이전은 사실 귀족이 아닌 사람들에게는 경직되고 소외된 시대였지만, 산업혁명과 시민혁명이 일어나면서 더 많은 사람들이 예술에 대한 욕구를 충족하게 되었다.

그러나 대량생산으로 인해 예술의 질은 떨어지고, 새로운 재료는 예술가의 참여를 망설이게 하여 주로 기술자가 작업을 담당하게 됐다. 또한 산업화로 인해 재료의 가격 문제가 대두되면서 자연스럽게

2-39 | 모리스, 〈아칸서스 벽지〉, 1875.

2-40 | 모리스, 〈bullerswood 카펫〉 무늬, 1889.

수공업과 예술 작업을 소홀히 하게 되었다. 이를 안타깝게 생각한 예술가들이 예술과 수공예의 결합, 수공업의 공동작품으로 예술의 질을 높여보려고 시도한 것이 바로 아츠 앤 크래프츠 운동이다. 이 운동을 주도하는 예술가들에게 기계는 역겨운 존재로 취급당했다.

아츠 앤 크래프츠는 영국의 공예가이자 시인인 윌리엄 모리스(William Morris, 1834~1896)를 비롯한 화가, 건축가, 그리고 여타 예술가들에 의해 시작됐으며, 특히 1870년에서 1920년 사이에 영국과 미국에서 전성기를 맞았다.(2-39, 2-40) 윌리엄 모리스는 영국의 미술·건축 평론가이자 사회철학자인 존 러스킨(John Ruskin, 1819~1900)의 영향을 받았다.

러스킨은 수많은 저서를 통해 미술과 건축은 민중의 생활과 깊이 연관되어 있다는 예술철학을 확립했으며, 사회문제에도 관심이 많아 산업과 교육, 종교에 관한 저술도 많이 남겼다. 또한 예술의 순수함과 자연미를 강조하면서 르네상스 예술의 인위성을 비판하고, 좀 더 신과 자연에 가까운 고딕 예술을 찬양했다. 이러한 사상이 아츠 앤 크래프츠 운동의 바탕이 되었다.

특히 건축과 관련한 러스킨의 저서는 일반인들 사이에서 건축에 대한 관심을 불러일으켰다. 1849년 러스킨은 『건축의 일곱 등불(The Seven Lamps *of Architecture)*』에서 건축에 대한 자신의 관점을 "희생, 진실, 힘, 미(美), 생명, 기억, 순종"이라는 7가지 개념으로 시의 형태에 가깝게 서술했다. 또한 『베네치아의 돌(*The Stones of Venice*)』에서는 베네치아 고딕 건축물의 우수성을 "거칢, 가변성, 자연주의, 그로테스크풍 정신, 완고성, 풍부성" 등 6가지 특성으로 나누어 설명했다. 이 배경에는 베네치아의 건축물이 있다. 고딕을 갈망하던 그는 베네치아의 건축물을 찬양하려는 의도로 이 책의 집필을 시작했으며, 건축물이 어떤 이미지를 가져야 하는지 나름대로의 지침서를 만들려 했다.

미국에서는 미국적인 수공예가들과 그들의 양식이 1910년에서 1925년 사이에 건축 · 인테리어 · 장식 등에 자주 등장했다. 사실상 과거와는 다른 새로운 것을 시도하려는 취지에서 시작되었지만, 빅토리아 시대와 절충된 양식이 나오기도 했다. 이는 산업혁명 이후 등장한 자본가라는 신흥 세력이 과거 귀족과 같은 사회적 지위를 욕망했기 때문이었다.

러스킨의 사상이 당시 새로운 것에 대한 갈망에 방향을 제시해주었다면, 모리스는 먼저 대중을 일깨우는 작업에 정성을 쏟았다. 그는 대중이 변하면 사회도 변한다는 가치관을 갖고 이른바 생활예술을 전개해나갔다. 아츠 앤 크래프츠가 중점을 둔 것은 단순함, 그리고 재료에 대한 진정한 이해로서, 이러한 생각은 아르누보와 빈 분리파, 바우하우스에 영향을 주었다.

새로운 예술로 등장한 아르누보

그중 '아르누보'만큼 짧은 시간에 넓게 퍼져나간 예

술운동은 그때껏 찾아볼 수 없었다. 이는 당시 많은 나라가 모더니즘 예술을 갈구하고 있었고, 아르누보의 개념이 그들의 욕구를 충족시키는 데 합당했기 때문이었다. 'Art Nouveau'는 '새로운 예술'이라는 뜻으로 각 나라 또는 지역에 따라 각각 다른 이름으로 불렸는데, 영국에서는 '모던 스타일(modern style)', 스페인에서는 '아르테 호벤(Arte Joven)', 이탈리아에서는 '스틸레 리베르티(La Stile Liberty)', 독일에서는 '유겐트스틸(Jugendstil)' 등으로 불렸다.

2-41 | 오르타, 《오르타 박물관》으로 지정된 4채 중의 하나인 타셀 주택의 외부, 벨기에 브뤼셀. 1893~1894.

건축에서의 아르누보는 창문·아치·문 등에 쌍곡선과 포물선의 형태로, 흔히 몰딩(moulding, 건축이나 공예에서 문틀 또는 가구 등의 테두리를 두드러지게 하거나 오목하게 만드는 장식법)의 장식으로 나타나기 시작했으며, 그 형태는 대부분 식물에서 가져왔다. 또한 빅토리아 시대의 절충적이고 재생적인 양식을 피하려고 애썼으며, 대신 불꽃, 동식물의 외피, 여성의 몸이나 가늘고 긴 머리카락 등에서 영감을 얻어 이를 통해 추상적이면서 세련되게 표현하려고 시도했다. 아르누보 예술가들은 직선적이고 평면적인 이전 시대 예술과는 차별화된 형태를 표현하고자 곡선과 곡면을 표현의 주 요소로 삼았다.

아르누보의 대표적인 건축가인 벨기에 출신의 빅토르 오르타는 건축물이라는 하나의 물체를 하나의 공간으로 인식하고, 물체와 공간의 조화를 이루고자 노력했다. 미술가의 안목을 갖춘 건축가로서, 그는 비어 있는 벽면에 아르누보의 표현을 채워 넣었다.(2-41) 그럼으로써 벽은 그

2-42 | 오르타, 〈벨기에 만화센터〉, 벨기에 브뤼셀. 1906. 주물 재료의 특징인 철과 유리를 사용해 모든 것을 곡선으로 표현했다.

자체의 기능 외에도 공간에 생동감을 부여하게 되었는데, 이러한 생동감이 바로 아르누보의 핵심이었다. 이처럼 아르누보 예술가들은 침울하고 경직되었던, 그리고 획일화되었던 예술에 새로운 생명력을 불어넣었다.

또한 아르누보 건축가들은 새로운 재료인 철과 유리를 이용해 자신들의 의도를 잘 드러냈다.(2-42) 전통적인 건축재료였던 석재와 목재는 그들의 의도를 표현하기에 적합하지 않았다. 특히 그들은 구조와 장식의 일체감을 통해, 디자인이란 기능성과 아름다움을 동시에 추구하는 것이라는 개념을 정립하고자 했다. 공간을 구성하는 선적인 요소에는 가는 선을 주로 사용해 더욱 생동감을 불어넣었다.

아르누보 작가들은 예술가 개인의 주관과 창의력을 중요시 여겼다. 일정한 체계 아래서 생겨난 양식은 다시금 역사주의나 부분적 변화만을 보이는 절충 형태를 만들어낼 우려가 있었기 때문이다. 물론 아르누보 역시 역사적 절충주의를 피할 수는 없었다. 형태를 구성하는 표현들은 과거에서 탈피하는 경향을 보였지만, 한편으로 과거의 곡선과 곡면을 재현하는 듯한 인상을 주었기 때문이다.

스페인의 세계적인 건축가 가우디가 설계한 〈사그라다 파밀리아 성당〉(Templo Expiatorio de la Sagrada

2-43 | 가우디, 〈사그라다 파밀리아 성당〉, 스페인. 1883년 착공해 가우디 사후 100주년 기념으로 2026년 완공 예정.

Familia)〉이 있다.(2-43) 가우디가 아르누보 건축가 부류에 속하는 것은 곡선과 곡면을 주로 사용했기 때문이다. 그러나 그는 고딕 건물을 배경으로 삼는 경우도 많았다. 이것이 순수한 모던 건축가들에게는 갈등이었다. 그러나 이러한 한계에도 불구하고 아르누보가 다른 모더니즘 예술

2-44 | 베렌스(Peter Behrens), 유겐트스틸 건축, 독일 다름슈타트, 1904.

운동에 큰 영향을 미쳤다는 사실은 부인할 수 없다.

독일의 아르누보인 유겐트스틸은 독자적인 발전을 보였다. 유겐트스틸이라는 이름은 1896년 뮌헨에서 창간된 잡지 『유겐트(*Jugend*, '청춘')』에서 유래했다. 유겐트스틸은 식물 넝쿨이나 새, 꽃봉오리 등의 파도처럼 출렁이는 듯한 곡선을 주로 사용했는데, 이렇게 장식적인 요소들로 인해 오늘날 일반적으로 알려진 모더니즘과는 다소 차이를 보인다.(2-44) 이는 아츠 앤 크래프츠 운동의 윌리엄 모리스와 존 러스킨의 영향을 받았기 때문이다.

스코틀랜드의 아르누보 건축가이자 디자이너인 매킨토시(Charles Rennie Mackintosh, 1868~1928)는 공예와 예술을 결합한 러스킨의 사상을 잘 받아들여 수직적 요소와 곡선을 절충한 자신만의 독창적인 디자인을 선보였다. 그의 작품에 표현된 긴 선은 빈 분리파의 테두리와도 연관 지을 수 있다.

유럽의 전 지역이 근대의 물결 속에서 파도치고 있을 때 빈(Wiena)은 아직도 과거의 모습으로 가득했다. 이는 파리와 유사한 모습으로, 니체가 파리를 불태워버리고 싶다고 토로할 당시의 근대주의자들의 눈에 보

2-45 | 기마르, 〈파리 지하철 역의 입구〉, 프랑스 파리,
1899~1900.

였던 도시의 모습과 같았다. 빈이 이렇게 과거의 모습으로 가득할 때 일부 예술가들은 빈의 이러한 모습을 거부한다는 뜻으로 빈 분리파를 주장했다. 빈 분리파는 건축물에 수평선 띠와 둥근 형태를 적용하며 모던한 양식을 시도한 부류다.

아르누보는 직선을 과거의 형태로 간주했는데, 새로운 형태로 선택한 곡선과 곡면에 대한 이미지가 유럽 전 지역에 퍼져나가면서 진정 새로운 예술로 자리를 잡았다. 이를 대중에게 잘 드러내 보여준 프랑스 건축가가 엑토르 기마르(Hector Guimard, 1867~1942)다. 그는 〈파리 지하철 역의 입구〉를 아르누보적인 문양으로 장식해 도시 전체를 아르누보 그 자체로 만들었다.(2-45)

또한 설리번(Louis Henry Sullivan, 1856~1924)은 라이트의 스승으로 아르누보 건축가는 아니다. 그는 시카고 건축의 대부로서, 불탄 시카고를 재건할 때 로마네스크 양식을 기반으로 보자르 학파(Ecole des Beaux-Arts)와 함께 시카고를 재조성한 건축가다.

아방가르드,
전위를 꿈꾸다

아방가르드의 등장

'아방가르드(avant-garde)'는 원래 "선두에서 돌진해 적과 가장 먼저 맞닥뜨리는 전위부대"를 가리키는 군사용어지만, 19세기 중반부터 기존의 형식을 해체하는 급진적인 예술 경향 또는 운동을 가리키는 단어로 쓰이기 시작했다. 아방가르드 예술은 새로운 기법과 표현을 시도한 각 분야의 선두주자였다.

신인동형의 시대였던 고대, 신 중심이었던 중세, 인본주의를 외쳤던 르네상스, 인간의 정체성에 대해 끊임없이 고민하다가 결국 자연에서 그 답을 찾으려 했던 매너리즘, 해체된 체계들이 통합되는 바로크를 지나 산업혁명과 시민혁명은 인간의 위상을 사회적으로 바꾸어놓았지만, 정신적인 영역은 점점 더 복잡해져갔다. 획일화된 과거의 양식으로 인간의 복잡한 정신 영역을 표현하는 데 한계를 느끼게 된 것이다.

사람들은 탈과거(脫過去)라는 기치 아래 그 당시 등장한, 가장 신선한 요소인 기계에 주목했다. 기계는 자본가와 노동자, 소비자를 만들었고, 점령국과 식민지를 만들었으며, 무엇보다 사람의 시각을 뒤바꾸어놓았다. 물론 19세기의 아방가르드는 현대의 예술과 비교하면 주제나 소재 면에서 과거와 완전히 결별할 수 없었다. 그러나 어떤 변화의 시작에는 언제나 아방가르드가 있었다. 다시 말해, 현대예술을 기준으로 본다면 모더니즘이 현대예술의 아방가르드인 셈이다.

근대건축은 과도기였다. 격동의 시대지만 큰 틀로 보았을 때 디자인은 1차원〔글래스고 (Glasgow)〕, 2차원(아르누보), 그리고 3차원(큐비즘) 의 단계별로 변화했다. 근대 이전의 장기간의 변화에 비하면, 근대는 전광석화처럼 짧은 시기였

> **글래스고**
> 찰스 매킨토시가 주도한 예술운동으로, 직선을 곡선으로 바꾸기 시작했다.

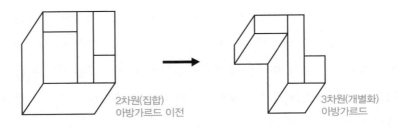

2차원(집합)
아방가르드 이전

3차원(개별화)
아방가르드

2-46 | 아방가르드로 인한 디자인의 변화.

다. 그러나 시간에 비해 그 내용은 방대했다. 특히 큐비즘에 의한 아방가르드의 등장은 근대에서 현대로 가는 큰 사건이었다. 아방가르드는 선발대라는 의미를 내포하고 있지만 그 내용은 새로운 것을 의미했다. 아르누보(새 예술)와의 차이는 2차원에서 3차원으로의 변화다.(2-46) 즉 몬

2-47 | 그로피우스, 〈바우하우스〉, 독일 데사우, 1919.

드리안에서 엘 리시츠키로 넘어가는 것이었다. 아방가르드 전에는 모든 것이 박스 안에 있는 것과 같이 전체적이었으나, 아방가르드의 등장으로 각 개체가 독립하기 시작한 것이다.

아방가르드의 고향, 바우하우스

이렇게 다양한 변화를 보이며 근대에 가속도가 더해지는 상황에서도 파리 보자르 학교처럼 아직도 로마네스크 같은 과거의 건축을 고수하거나 실무적 경험 없이 학교에서 배운 과거의 지식을 학생들에게 가르치는, 현실과 이상을 구분하지 못하는 아카데미적인 대학교수들이 있었다. 이러한 교육을 타파하고자 독일의 건축 지도자 발터 그로피우스가 바우하우스를 설립했다.(2-47) 이후 1933년 나치에 의해 폐쇄될 때까지 바우하우스는 아방가르드의 고향이라고 불릴 만큼 형태언어 등 예술의 전체적인 작업을 학생들에게 전수했다.

이즈음 러시아에서는 1915에서 1930년 사이 바우하우스와 데 스틸에 영향을 준 엘 리시츠키의 절대형태가 등장했다. 이는 소리를 중요시하

2-48 | 말레비치, 〈검은 사각형〉, 1915, 러시아 미술관, 상트 페테르부르크.

는 미래파의 아이디어가 영향을 준 것으로, 미래파(futurismo)와 구조주의에 그 뿌리를 두고 있다. 이 절대형태를 보여준 작품으로 말레비치(Kazimir Severinovich Malevich, 1878~1935)의 〈검은 사각형(Black Square)〉(2-48)이 있다. 또한 이때 등장한 바실리 칸딘스키 (Wassily Kandinsky, 1866~1944)는 바우하우스에서 학생들에게 점·선·면으로 구성된 형태를 가르쳤다. 이것이 가장 기본적인 형태인 쉬프레마티즘(suprematism, 절대주의)이며, 이러한 작업 방식이 집합적으로 등장한 것이 바로 아방가르드다.

다다이즘,
관습과 형식을 의심하다

다다이즘의 태동

다다(dada) 또는 다다이즘(dadaism)은 1916년 스위스의 극작가 위고 발(Hugo Ball)과 루마니아 출신의 프랑스 시인 트리스탄 차라(Tristan Tzara), 독일 시인 휠젠베크(Richard Huelsenbeck), 프랑스 조각가 한스 아르프(Hans Arp) 등이 추진한 예술운동을 말한다. 이 사조는 기존의 관습적인 예술이나 형태를 비꼬거나 거부하고, 비합리적이고 반도덕적인 것을 찬양했다. 다다이즘 예술가들은 조직을 결성해 시스템

KARAWANE

jolifanto bambla ô falli bambla
grossiga m'pfa habla horem
égiga goramen
higo bloiko russula huju
hollaka hollala
anlogo bung
blago bung
blago bung
bosso fataka
ü üü ü
schampa wulla wussa ólobo
hej tatta gôrem
eschige zunbada
ɯɯlɯbɯ ssɯbɯdɯ ɯlɯɯ ssɯbɯdɯ
tumba ba- umf
kusagauma
ba - umf

안에서의 예술을 부정했다.(2-49, 2-50)

산업혁명과 시민혁명은 인류의 역사를 변화시키는 중요한 사건이었다. 특히 시민혁명 이전의 계급사회에서 창작의 자유란 없었다. 상류층, 즉 왕족과 귀족, 성직자의 요구에 의한 제작이 대부분이었기 때문에 창의적인 작품이 나올 수 없었다. 그러나 르네상스에 들어서면서 이 체계가 흔들리기 시작했고, 시민혁명을 맞아 상황이 급변하면서 예술가들은 경제적인 원조를 더 받지는 못했지만 표현의 억압에서 벗어나 자신의 예술을 자유롭게 보여줄 수 있게 되었다.

그러나 전쟁은 이들의 기대를 산산이 부숴버렸고, 미래에 대한 불안감을 증폭시켰다. 제1차 세계대전은 과거의 종교전쟁이나 시민혁명과는 완전히 다른 전쟁이었다. 억압에 대한 분출이 아닌 각각의 갈등이 충돌한 전쟁이었고, 이러한 갈등이 한편에서 '다다'라는 표현으로 분출된 것이다. 그러나 특별한 규칙이나 양식을 갖추지 못한 '다다'는 사회 깊숙이 뿌리내리지 못했고, 전쟁 이후 사회가 질서를 회복하려고 시도하면서 점차 일부 계층만의 예술운동이 되어버렸다.

다다이즘은 제1차 세계대전으로 인한 예술적 충격으로 이해할 수 있는데, 오랫동안 지속되어왔던 가치와 현실이 전쟁으로 파괴되면서 그로 인해 발생한 문화의 공백과 자유를 대체하기 위한 수단으로 출현한 것이다. 정해진 틀이라 믿었던 것들은 그저 수많은 틀 중의 하나였다는 것을 다다이즘은 보여주고자 했다. 다다이즘은 또한 예술에서 금기시되

었던 것들을 조형예술을 통해 많이 시도했
는데, 초기 현대미술의 대표격인 뒤샹(Marcel
Duchamp)의 작품에서 다다이즘의 영향을 많
이 찾아볼 수 있다.(2-51)

초현실주의에
영향을 준 다다이즘

　　　　　이러한 다다이즘은 이
후 초현실주의(surrealism)에 많은 영향을 미
쳤다. 초현실주의는 1920년대 문학과 조형
예술에서 사실적이지 않은 것, 무의식적인
표현 등을 시도한 예술운동이다. '쉬르레알
리슴(surrealism)'이란 단어는 '사실 너머' 또
는 '사실의 저편'이라는 의미를 갖고 있다.
프랑스의 시인 앙드레 브르통(André Breton)
의 〈쉬르레알리슴 선언〉으로 본격적으로 시
작된 초현실주의 사조는 문학뿐만 아니라 미
술에서도 활발하게 모습을 드러냈다. 오늘날
에도 잘 알려진 미로(Joan Miró), 달리(Salvador
Dalí)(2-52), 마그리트(René Magritte) 등이 대표
적인 초현실주의 화가들이며, 특히 독일의 에
른스트(Max Ernst)는 콜라주(collage), 프로타주
(frottage), 데칼코마니(decalcomania) 등의 기법

2-51 | 뒤샹, 〈샘(Fountain)〉, 1917. 원본 소멸. 알
프레드 스티글리츠(Alfred Steieglitz) 사진.

2-51 | 달리, 〈기억의 지속(The Per-sistence of
Memory)〉, 1931, 현대미술관, 미국 뉴욕.

콜라주
'풀로 붙인다'는 뜻으로, 이질적인
재료를 오려 붙여서 표현하는 기법.

프로타주
'문지르다'라는 뜻으로, 돌이나 나무
의 면에 종이를 대고 문질러서 이미
지를 얻는 기법.

데칼코마니
종이를 반 접어서 한쪽에 물감을 칠
한 후 다시 반 접어 반대쪽에 대칭으
로 그림이 찍혀 나오게 하는 방법.

2-53 | 다다이즘이 드러난 건축. 〈풀바(A Poolbar)〉, 독일 베를린.   2-54 | 다다이즘이 드러난 건축. 〈바이오메디컬 연구소〉, 스페인.

을 사용해 불안한 이미지를 표현했다.

사실상 사람들로 하여금 다다이즘을 이해하지 못하게 하는 것이 다다이즘 예술가들의 바람이었다. 그들은 다다를 '이즘(ism)'으로 부르는 것조차 원하지 않았으며, 명확한 사고나 규격을 파괴하고, 모든 사고를 의심으로 시작했다. 다다이즘 예술가들은 그림과 단어를 이용하여 우연과 무작위라는 예술기법으로 규율을 대체했다. 이러한 다다이즘은 모더니즘 예술에서부터 오늘날의 예술에 이르기까지 영향을 미쳤는데, 미래파 또는 큐비즘과 비교하면 이해가 훨씬 빠르다.

다다이즘의 작업 방식에서 많이 쓰이는 것이 단어와 그림의 질서 없는 나열이다.(2-53) 반대로 스페인의 〈바이오메디컬 연구소〉처럼 동일한 요소를 반복적으로 사용하는 것도 이들의 표현 방법 중의 하나다.(2-54)

표현의 가능성을 연
입체파·표현주의·미래파

빈 분리파의 결성

　　　　　　1897년 4월 3일 화가 구스타프 클림트(Gustav Klimt)
와 오스트리아의 그래픽 디자이너이자 공예가인 콜로만 모저(Koloman Moser), 건축가이자 가구 디자이너인 요제프 호프만(Josef Hoffmann), 건축가 오토 바그너(Otto Wagner) 등의 예술가들은 역사적이고 전통적인 예술을 지향하는 예술가협회와의 분리를 선언하고, 1898년 첫 전시회를 통해 빈 분리파의 등장을 알린다. 아르누보의 영향을 받은 빈 분리파의

2-55 | 바그너 · 올브리히, 〈제체시온〉, 오스트리아
빈, 1898.

양식은 오히려 건축물에서 찾아볼 수 있
다.

빈 분리파가 결성된 해인 1898년 오
토 바그너는 제자 올브리히(Joseph Maria
Olbrich)와 함께 탈과거의 메시지를 전
하고자 빈 분리파의 전당인 〈제체시온
(Secession)〉을 설계했는데, 이 건축물은
1902년 열네 번째 전시회에 베토벤과 관
련된 전시를 하면서 유명해진다.(2-55) 바
그너는 과거의 건축은 반복된 것일 뿐 개
인의 창작에 저해된다고 보고 전통을 거부

했다. 그는 새로운 시대와 새로운 재료는 새로운 건축을 만들어내야 한
다고 주장하며, 건축의 형태는 필요에 따라 달라져야 한다는 기능주의
적 사고를 보였다.

바그너의 건축물은 3단 구성을 보여주었다. 이는 로마네스크에서 많
이 쓰는 방법으로 1층은 하인의 영역, 2층은 외부인을 위한 공간, 그리
고 3층은 개인적인 공간으로 내부가 형성되어 있듯이, 건물의 외부도 창
의 크기나 모양을 3가지로 나누는 건축 형태다. 이러한 구성 방식은 고
전적인 방법으로 이후 선으로 표현되기 시작한다.

또한 바그너는 장식을 건축물 표현의 주재료로 사용했는데, 이것이 아
돌프 로스에게는 과거의 연속처럼 보였다. 빈 분리파의 불명확한 입장
에 비판적이었던 아돌프 로스는 1908년 저서 『장식과 죄악(*Ornament und
Verbrechen*)』에서 공개적으로 장식을 부정했다. 그리고 1910년 〈슈타이너
저택(Steiner Haus)〉을 통해 탈과거의 형태가 어떤 것인지를 알려주었다.

로스는 이 건축물에서 처음으로 철근콘크리트 구조를 선보임으로써 탈과거에 대한 계몽적인 형태를 보여주었다.

빈 분리파는 빈 예술가협회와의 분리를 추구하면서도 대칭과 3단 구성 등 과거에 쓰였

돌림띠
서양 고전건축의 기둥 상부의 처마나 천장 둘레를 감싸는 가늘고 긴 돌출부를 말한다.

던 요소를 건축물에 적용했는데 이는 모더니즘이 시도한 완전한 탈과거와는 거리가 있었다. '돌림띠(cornice)'가 면을 나누는 주요소로 사용됐지만, 이 또한 르네상스 장식의 일종으로 여겨졌다.

초기 빈 예술가협회와 분리되어 새로운 예술작품을 만들자는 취지에 부합하지 않는 상황 아래 의견 차가 생기면서 클림트는 1905년 빈 분리파를 탈퇴한다.

3차원의 깊이를 바라본 입체파

아츠 앤 크래프츠와 아르누보, 빈 분리파 등의 운동은 과거의 양식에서 탈피하고자 시도했지만 전체적인 형태에서 큰 변화를 보이진 못했다. 과거의 형태 자체가 아니라 그것을 구성하는 소재의 변화에만 그쳤기 때문이었다.

그러나 이와 달리 형태를 바라보는 시각 자체를 바꿔버리는 시도가 있었는데 이것이 바로 큐비즘(입체파)이다. 아르누보가 면(2차원)을 바라보았다면, 큐비즘은 깊이(3차원)를 바라보았다. 아르누보가 전체 틀 안에서 변화했다면, 큐비즘은 전체를 분해해 분석했다. 큐비즘은 하나의 형태 안에 여러 요소가 종합돼 있으며, 그 요소들은 서로 간격을 갖고 있다고

2-56 | 피카소, 〈아비뇽의 처녀들(Les Demoiselles
d'Avignon)〉, 1907, 현대미술관, 미국 뉴욕.

보았다. 따라서 두 요소 이상의 간격에는 원근법적인 시각이 필요하다고 판단했다.

큐비즘을 주도한 화가 중의 하나인 브라크(Georges Braque)는 풍경화를 그릴 때 입체적인 형태 분석을 적용했다. 큐비즘이라는 용어는 1908년 브라크의 풍경화를 본 앙리 마티스(Henri Matisse)가 '퀴브(cube, 입방체)'라고 평한 데서 유래했다.

큐비즘의 대표적 화가인 피카소의 작품 속에서 형태들은 마치 여러 각도에서 바라본 것을(3차원) 2차원 면에 표현한 것처럼 보인다.(2-56) 피카소의 시도는 모더니즘 예술이 과거와의 확실한 결별로 인식되는 데 중요한 역할을 했으며, 이 인식은 아방가르드의 성격을 내포하고 있다.

큐비즘은 분석적 큐비즘(1907~1912)과 종합적 큐비즘(1912~1920)의 시기로 나뉜다. 분석적 큐비즘은 하나의 대상을 여러 요소로 분석한 뒤 이를 다시 간단한 형태로 조합하는 것이다. 하나의 대상을 분해하여, 거리에 따라 크기가 달라지는 전통적 원근법에 의거해 각 요소를 같은 거리에서 바라본 것처럼 표현한다. 이는 마치 얼굴의 정면과 좌우를 그린 뒤에 이를 한 화면에 합쳐놓는 것과 같은 이치다. 분석적 큐비즘은 전체적인 형태보다는 그 형태를 이루는 각각의 요소를 분석하는 데 초점을 두었다.

종합적 큐비즘은 대상을 분석해서 얻은 각각의 요소들을 다시 조합하면서 모래나 나무, 신문지 조각 등 재료의 성질을 변화시켜 구성하는 것이다. 이를 통해 대상이 처음 갖고 있었던 성질은 상실되고, 새로운 장식적 요소가 만들어진다. 이러한 과정에서 전체 형태는 한 화면 속에서 조형감을 부여받거나 돌출된다. 이는 '콜라주'라는 새로운 기법의 탄생으로 이어졌다.

큐비즘의 등장은 예술의 역사에서 중요한 의미를 갖는다. 분석과 종합의 분리를 통해 새로운 시각을 갖게 했는데, 이는 구성에 대한 관심을 야기했다. 이전의 예술은 전체주의의 테두리를 벗어나지 못했는데, 형태의 구성요소라는 큐비즘의 개념은 예술 표현에서 무한한 가능성을 보여주었다. 특히 회화에서, 3차원 형태의 한 면만 보고 그 전체를 판단할 수는 없다는 깨달음은 가히 혁명적이었다. 모든 사물은 근본적인 요소(원자)의 성질과 위치에 따라 전체로 구성되고, 하나의 요소가 변화하면 전체가 달라질 수 있다는 큐비즘의 사고는 전 분야에 걸쳐 심대한 영향을 미쳤다.

그림 [2-57] 건물은 프라하(Prague)에 있는 빌라로서, 건물의 외벽이 면으로 구분되어 설계된 것을 알 수 있다.(2-57) 이는 분석적 큐비즘이 적용된 디자인으로, 전체적으로 수정(crystal)의 형태를 띠고 있으며, 빛에 따라 각 모서리의 명암이 달라진다. 빛에 따라 다르게 빛나는 결정체의 자연스러운 모습을 의도적으로 표현한 것으로 볼 수 있다.

2-57 | 노보트니(Otakar Novotný), 큐비즘을 사용한 건물, 체코 프라하, 1913.

큐비즘의 원리는 사실상 원근법과, 형태를 이루는 가장 기본적인 요소의 배열과 성격을 찾는 것이다. 전체적인 형태(3차원)는 기본적인 요소

(1차원 또는 2차원)에 의해 구성되어 있다. 그 구성요소들의 형태와 원근법에 따른 배열에 의해 전달하는 이미지가 달라진다. 가장 근원적인 형태와 색을 찾으며 배열구조를 보여주고자 하는 것이다. 즉 1차원(점)에서 2차원(선)으로, 그리고 3차원(입체)으로 전개되는 과정을 보여준다.

감각의 직접적인 표현을 추구한 표현주의

　　　　　　　이러한 입체주의 예술가들과 마찬가지로, 대상의 단순한 재현이라는 유럽미술의 전통적 규범을 떨치고자 했던 야수파, 인상파 등에 속하는 작가들의 작품을 설명하기 위해 독일의 비평가들은 1911년 표현주의(Expressionismus)라는 용어를 사용하기도 했다. 표현주의 예술가들은 감정과 감각의 직접적인 표현을 추구했으며, 이를 위해 전통적인 미의 개념과 구도 등은 왜곡되거나 무시되었다.

　건축에서의 표현주의는 제1차 세계대전 이후에 등장했다. 여기에 해당하는 건축가들은 대부분 독일 공작연맹(Deutscher Werkbund)에 속해 있었으며, 유겐트스틸의 특징을 잘 나타냈다. 표현주의 건축물은 과거와 같은 장식을 사용하지는 않았지만, 건축물 자체가 인간의 내적 심리를 잘 드러내고 있다. 특히 전쟁 직후 건축물이 거의 지어지지 못했으므로 표현주의 건축가들은 스스로의 작품에 자신의 이상과 근대적 합리성을 부여했다. 큐비즘과 마찬가지로 수정의 형태를 선호했으며, 조소적인 특징, 층층이 겹치는 형태로 표층성을 드러냈다.

역동성과 기계문명을 옹호한 미래파

미래파(미래주의)는 20세기 초 이탈리아에서 시작된 예술운동으로, 아방가르드에 뿌리를 두고 있으면서 큐비즘의 영향을 받았다. 큐비즘이 모든 형태를 기하학적 요소로 분해하듯이, 미래주의는 하나의 영역을 기능별로 분석한다. 융합하고 협동하기보다 각 요소의 개

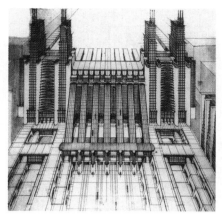

2-58 | 산텔리아, 〈산텔리아 신도시 계획안〉, 1914, 밀라노 전시회.

별적인 성격을 보여주는 분석적 큐비즘의 특성을 보여주는 것이다.

미래파는 1909년 시인 마리네티(Filippo T. Marinetti, 1876~1944)가 처음 〈미래파 선언〉을 발표하고, 이후 여러 예술가들이 성명을 발표하면서 시작되었다. 마리네티의 〈미래파 선언〉은 과거를 청산하고 새로운 시대에 적합한 생활양식 및 표현을 요구하며, 역동성과 속도, 힘이 넘치는 기계문명을 옹호하는 내용을 담고 있다.

이는 예술가들로 하여금 여태껏 존재하는 종교적 도덕주의에 반감을 갖게 했으며, 미술·조각·음악·건축 등의 분야에 영향을 미쳤다. 건축에서는 안토니오 산텔리아(Antonio Sant'Elia, 1888~1916)가 미래주의의 방향을 제시했다. 산텔리아의 건축물은 속도와 소음을 동반한 온갖 기능을 하나의 영역에 담고 있다. 이는 오늘날의 주상복합 건물보다 더 복잡한 구조로, 실제로 현대에 나타나는 미래지향적 모

> **셋백**
> 건축에서 마천루 건설과 관계 있는 용어로, 빌딩 정면에서 계단처럼 후퇴한 것을 말한다. 미학적 측면에서 마천루의 수직선을 분할하는 역할을 하지만 실제로는 상층의 바닥 면적을 줄이는 효과가 있다.

습을 보여준다.(2-58)

　산텔리아는 1914년 신경향 그룹전에 〈산텔리아 신도시 계획안〉을 출품하면서 전시 카탈로그에 미래주의 건축에 대한 성명을 발표하기도 했다. 그의 디자인은 미래파가 추구하는 속도를 잘 나타내고 있으며, 특히 마리네티의 선언을 잘 반영하고 있다. 거대한 기차역 위에 역동적인 경사를 이루는 셋백(set back)의 형태를 보이고 있는 것이다.

기하학과 추상성을 추구한 데 스틸

2-59 | 판 두스부르흐, 전시 포스터 겸 책 표지, 1925, 크뢸러뮐러 미술관, 네덜란드 오테를로.

　'데 스틸(De Stijl)'은 '양식'이라는 뜻의 네덜란드어로, 화가이자 건축가인 테오 판 두스부르흐(Theo van Doesburg, 1883~1931)가 만든 잡지 이름이기도 하다.(2-59) 1917년 판 두스부르흐는 화가 몬드리안, 판 데르 레크(Bart van der Leck), 건축가 호프(Robert van't Hoff), 오우트(J. J. P. Oud), 얀 빌스(Jan Wils) 등의 예술가들과 함께 추상미술의 한 유파로서 데 스틸을 결성했다.

　데 스틸은 예술과 건축에서 기하학, 추상성의 미적 표현을 추구했다. 독일의 바우하우스와 같은 교육 원리로, 역사에 등장하는 모든 예술에서 미의 근본적인 것들, 예를 들면 순수주의와 같은 것을 제한하고, 기능성을 회복하는 데 중점을 두었다. 데 스틸의 표현은 큐비즘의 영향을 받았고, 이론적인 바탕은 칸딘스키의 영향을 받았다.

데 스틸은 이원론적인 철학에 바탕을 두었는데, 예를 들어 수평과 수직, 큰 것과 작은 것, 밝은 것과 어두운 것, 원색과 무채색을 사용하는 방법으로 화면을 구성하는 것이 큰 특징이다. 이러한 양식적인 방법은 미술과 건축뿐만 아니라 가구나 생활 디자인에도 적용되었다.

미래파가 무질서한 이미지를 통해 인간을 해방시키려 했다면, 데 스틸은 질서 있는 조형을 통해 조화를 이루려고 했다. 몬드리안은 수직선에 남성의 의미를, 그리고 수평선에 여성의 의미를 부여했다. 데 스틸 결성 초기에는 이러한 수직 · 수평선에 의한 화면 구성이 주도적이었지만, 훗날 판 두스부르흐가 45도 각도의 대각선을 도입하면서 이는 몬드리안이 데 스틸을 탈퇴하는 계기가 되었다.

데 스틸은 초기 성명을 통해 새로운 문화가 무엇인지를 세상에 공표하기를 원했다. 그러나 그 이론을 끝까지 이끌고 간 사람은 판 두스부르흐뿐이었고, 다른 예술가들은 모두 분산되어 그다지 많은 조형주의 작품을 선보이지 못했다.

물론 그들의 작품 중에서 건축가 리트펠트(Gerrit T. Rietveld, 1888~1964)의 〈적, 청의 안락의자〉는 관심을 끌기에 충분했다.(2-60) 이 의자는 커다란 판 하나를 13개의 각

2-60 | 리트펠트, 〈적, 청의 안락의자〉, 1917~1918.

2-61 | 리트펠트, 〈슈뢰더 하우스〉, 네덜란드 위트레흐트, 1924.

재(角材)와 2개의 팔걸이, 2개의 판으로 분해하고 삼원색과 검정색을 적용한 것으로 공장에서 저렴하게 제작되었다. 그러나 엄격한 기하학 형태를 갖고 있으며, 의자의 개방된 구조는 가구가 공간에 방해되는 문제를 극복하기 위해 제안된 것이다. 리트펠트는 또한 1924년에 슈뢰더-슈래더 부인(Truus Schröder-Schräder)의 의뢰로 저택 〈슈뢰더 하우스(Schröder Haus)〉를 설계했는데, 오늘날 이 건축물은 그의 이름을 따서 〈리트펠트-슈뢰더 하우스(Rietveld-Schröder-Haus)〉라 불리고 있으며, 데 스틸의 이상을 잘 반영한 근대 건축운동의 상징적인 작품으로 여겨진다.(2-61)

TIP

마리네티의 〈미래파 선언〉

1 | 우리는 위험에 대한 사랑, 에너지와 대담한 행위에 대한 신뢰를 찬양하고자 한다.

2 | 용기, 대담한 행위, 그리고 반항은 우리가 만드는 시에 대한 소재가 될 것이다.

3 | 지금까지의 문학은 어렵고 복잡한 부동성, 황홀, 그리고 침묵을 칭찬했다. 그러나 우리는 공격적인 움직임, 열성적인 깨어남, 시끄러운 소리의 템포, 회전, 따귀, 그리고 주먹질을 칭찬하고자 한다.

4 | 커다란 파이프로 잔뜩 장식된 경주용 자동차가 길게 이어져 달리며 폭발적인 소음을 내는 것과 같이 울부짖으며 산탄처럼 흩어져서 달리는 자동차의 모습 등 속도를 보여주는 것들이 사모트라케에 있는 승리의 여신 니케(Nike)보다 훨씬 더 아름답다는 것을 우리가 보여줄 것이다.

5 | 우리는 운전대를 잡고 지구를 횡단하며, 자신의 길에서 사냥을 즐기는 사람을 찬미할 것이다.

6 | 시인들은 근원적인 요소들을 열정적으로 증가시키기 위해 모든 시간을 소비해야 한다.

7 | 미는 단지 투쟁을 통해서만 존재한다. 공격적인 성격을 갖고 있지 않은 작품은 결코 걸작이 될 수 없다. 시는 알려지지 않은 힘을 강요하고, 그것들을 사람들 앞에 굴복시키는 역할로 파악되어야 한다.

8 | 우리는 세기의 전환점에 서 있다. 만일 우리가 불가능에 대한 비밀스러운 문을 부수어버리기를 원한다면 왜 뒤를 돌아보아야 하

는가? 시간과 공간은 어제 다 죽었다. 우리가 이미 영원함을 취했기 때문에 이미 존재해온 속도를 만들어낼 수 있는 완전함 속에 살고 있다.

9 | 우리는 전쟁을 예찬한다. 군사주의, 애국주의, 무정부주의자의 파괴적인 행위, 사람을 죽이고 여자를 경멸하는 아름다운 사고 등이 세계에 존재하는 유일한 청결 방법이다.

10 | 우리는 박물관, 도서실, 그리고 아카데미 등을 모든 방법을 동원해 파괴하고자 한다. 실용성과 이기적인 의도를 근거로 도덕주의, 여권신장, 비겁함을 내세우는 상황에 대해 우리는 투쟁할 것이다.

11 | 우리는 폭동이나 즐거운 일을 하게끔 자극하는 사람들을 찬미할 것이다. 모던한 대도시에 다양함을 만들어 밀물처럼 혁명을 밀고 오는 사람들을 찬양할 것이다. 무기나 공장 같은 것들이 날카로운 소리를 내어 침울한 상황에 달처럼 빛을 비추는 상황을 찬미할 것이다. 커다란 기차역, 실타래처럼 피어올라 하늘을 찌르며 구름에 닿는 듯 연기가 솟아오르는 공장, 위대한 경기자들을 긴장시키는 흐르듯이 놓인 교량, 모험을 즐기듯 수평으로 뻗어 나오는 연기를 내뿜는 증기 기관차, 비행기가 미끄러지듯 날아가는 공항, 우르르 소리를 내며 바람을 가르는 프로펠러 등등과 같은 것들을 우리는 찬양할 것이다.

포스트모더니즘의 출현, 경계를 해체하다

모더니즘의 종말 선언

이른바 모더니즘의 범주에 속하는 건축물 속에서도 과거의 흔적이 남아 있는 것들을 찾아볼 수 있는데, 이 중 대표적인 것이 역사주의 건축물이다. 역사주의 건축물 중에서 가장 오래된 것은 뉴 고딕(New Gothic) 양식의 작품이다. 고딕은 르네상스 시기에 부정적인 이미지를 갖고 역사 속에 묻힐 수도 있었지만, 괴테(Johann W. Von Goethe) 등 문학가들에 의해 재조명되어 19세기 초부터 다시 발견되기 시작했

2-62 | 가르니에(Charles Garnier), 〈팔레 가르니에〉, 프랑스 파리, 1854.

다. 고딕 양식은 종교적인 이유에서 출발했지만, 1840년부터는 시청과 같이 시민들의 자유를 상징하는 건축물로서 그 기능이 재평가되었다. 고딕의 전성기였던 중세 후기에 고딕 양식의 건축물이 시민들과 연계해서 등장했기 때문이었다.

네오 르네상스(Neo-Renaissance)와 네오 바로크(neo-baroque) 또한 과거의 양식이 재탄생한 경우인데, 시민혁명이 일어나고 사회가 새로운 건축을 필요로 할 때 영국과 프랑스에서 선택한 것이 바로 르네상스 양식의 건축물이었다. 네오 르네상스 건축물은 독일의 건축가 폰 클렌체(Leo von Klenze, 1784-1864)의 작품이 대표적이며, 파리에 있는 오페라 극장 〈팔레 가르니에(Palais Garnier)〉(2-62), 빈의 〈호프부르크(Hofburg) 왕궁〉은 네오 바로크에 속한다.

바로크 시대는 의도적으로 도시적인 건물을 만들어내던 왕정시대의 절정기였다. 따라서 재탄생한 역사주의 도시 건물로 네오 바로크가 등장한 것은 자연스러운 일이었다. 르네상스가 제공한 변화 속에서 도시는 새로운 역할을 부여받았다. 도시라는 개념은 중세에도 있었지만 개개의 건축물에 비해 그 비중이 크지 않았다. 도시의 기능이 확대된다는 것은 시민들의 의지가 발현되었다는 뜻이다. 도시가 시민을 위한 공간으로 자리매김하면서 건물이 그 공간을 차지하기 시작했다.

근대가 시작되면서 도시에 관한 새로운 계획들이 속속 등장했지만, 급변하는 시대에 그 거대한 도시가 모더니즘의 전개를 따라가는 속도는 그다지 빠르지 않았다. 1901년 프랑스의 건축가 가르니에(Tony Garnier, 1869~1948)가 근대적인 도시 모델을 제안했지만, 그의 계획은 산업혁명에 착안한 공업도시에 한정되어 있었다. 근대의 모형은 신선함을 주기는 했지만, 아직 중세의 도시에 익숙한 사람들에게는 받아들여지기가 쉽지 않았다. 산업혁명으로 도시가 팽창되는 상황과 그 밖의 상황을 잘 반영해 도시 모델을 제시한 좋은 예는 르 코르뷔지에의 〈300만 주민을 위한 현대도시〉 도시계획안이었다. 그의 계획은 현대도시 모형의 좋은 예로 삼을 수 있을 만큼 시대와 인간을 잘 반영하고 있었다.

그러나 르네상스의 뉴타임과 근대라는 두 시대를 경험한 사람들에게 사고의 전환은 결코 쉬운 일이 아니었기에, 근대의 변화 속에서도 과거의 양식은 사라지지 않고 명맥을 유지했다. 이는 중세의 사고방식이 모더니즘의 사고방식으로 완전히 전환되지 못한 한 원인으로 작용했다.

이렇게 전통적인 양식의 재현은 기능주의 일변도의 근대사회에서 인간의 심리를 다양하게 표현하고자 하는 하나의 수단이나 마찬가지였는데, 이는 모더니즘에 대한 반발의 일환이기도 했다. 과거의 예술운동이 이전 것을 답습하면서 점진적으로 변화를 꾀한 반면, 모더니즘이 부르짖은 탈과거는 많은 사람들에게 부담으로 작용했다. 따라서 과거의 예술에 애착을 갖는 예술가들을 포용할 수밖에 없었고, 모더니즘의 이상과 일치하지 않는 이러한 모습에 반발한 세력들이 모더니즘의 끝을 선언하게 된 것이다.

이런 의미에서 신고전주의(neo-classicism)를 눈여겨볼 필요가 있다. 신고전주의는 18세기 말에서 19세기 초 문학과 회화, 건축, 조각 등에 걸쳐 나타난 예술사조다. 문학에서는 자연주의와 낭만주의에 대한 반동으로 엄격한 형식과 고전주의의 근본적 가치를 추구했으며, 건축에서는 그리스·로마의 조형적인 구도와 공간 처리 등을 모범으로 삼았다.

미국의 경제적 부를 상징하는 아르데코

파리를 중심으로 시작된 장식미술의 한 형태인 아르데코(art deco) 또한 신고전주의의 영향을 받았다. 곡선과 포물선을 주로 사용했던 아르누보와 달리 아르데코는 고전적인 직선미를 강조했으며, 이는 건축에서 기능성이 결여된 장식을 배제하려는 경향으로 나타났다.

프랑스 혁명이 과거와의 결별에서 출발한 이후 모든 분야가 혁명정신에 동조하는 분위기였지만, 일부는 그렇지 않았다. 이들은 전통적 수공예의 장식을 버리지 않았으며, 기계의 대량생산에서 오는 이점을 절충하여 새로운 부를 대변하는 부류였다. 이들은 정치적으로 쇠락한 과거의 세력을 이어가면서, 산업혁명 이후 산업화가 주는 경제적인 여유를

2-63 | 아르데코 건축. 밴 앨런(William Van Alen), 〈크라이슬러 빌딩(Chrysler Building)〉, 미국 뉴욕, 1928~1930.

2-64 | 아르데코 건축. Weiss, Dreyfous and Seiferth, 〈루이지애나 주 의사당(Louisiana State Capitol)〉, 미국 루이지애나 주 배턴루지, 1932.

통해 시민들과 차별화를 시도했다. 이 부류가 바로 아르데코 예술가들이다.

아르데코는 과거의 고급스럽고 화려했던 모습들을 산업화의 기술로 나타내고, 기계가 주는 새로운 문명 속에서 다양하고 풍부한 부를 표현하려 했다. 즉 장식을 죄악시했던 프롤레타리아 계급이 주도한 근대와 대치하는 부류로서, 예술을 장식화하여 경제적인 부를 나타내는 것이 이들의 목표였다.

특히 이러한 경향은 1920년대에서 1940년대까지의 미국 건축물에서 쉽게 발견할 수 있다.(2-63, 2-64) 모던의 물결을 타고 새로운 시대를 만들려는 의지가 강했던 유럽과는 달리, 산업화의 영향을 적극적으로 받아들이고 제1차 세계대전에서 세계 무대에 당당하게 등장한 미국은 유럽과 차별화하고자 했다. 이렇듯 미국이 유럽에서 거부당한 아르데코를 적극적으로 수용하고 세계 경제대국으로 부상하면서 아르데코 양식의 건축물이 유럽보다 더 많이 등장하게 되었다. 아르데코는 모던에서 태어났지만, 유일하게 모던의 정신을 좇지 않은 양식으로, 모던 이전의 시대와 포스트모더니즘 사이를 이어주는 계보를 갖고 있다.

미국의 미술사가 베비스 힐리어(Bevis Hillier)는 아르데코를 "비대칭보다는 대칭을, 곡선보다는 직선을 지향한다. 기계, 신물질, 그리고 대량생산과 수요에 적합한 현대양식"이라고 정의했다. 여기서 앞부분은 근대 이전 양식의 전형적인 모습이고 뒷부분은 근대의 모습을 가리키는데, 이는 아르누보와 대립됨을 나타낸다.

고전적 언어를 재현한 포스트모더니즘

근대 속에서 외롭게 등장한 아르데코는 사실상 유럽에서 외면당했다. 아르데코는 제2차 세계대전이 끝난 뒤 자취를 감추었지만, 미국의 중심부에는 아직도 그 흔적이 굳건하게 남아 있었다. 모더니즘이 주를 이루던 시기에 찰스 쟁스(Charles Jencks, 1939~)와 같은 부류는 과거 역사와 현대를 잇는 가교 역할을 했는데, 이것이 바로 포스트모더니즘(postmodernism)이다.

포스트모더니즘의 초점은 사회의 산업화와 국제화에 맞춰져 있었다. 제1차 세계대전 이후 산업 발전에 따른 대량생산과 개인의 독자성 등이 합리화하면서 모더니즘의 이상이 급진적으로 전개되었다. 20세기 중·

후반부터 시작된 포스트모더니즘은 개성·자율성·다양성·대중성을 중시했으며, 모더니즘에 의해 배제되었던 역사주의 양식을 현대의 기술로 재창조해 모더니즘의 정신적 단점을 보완하고자 했다. 또한 순수예술과 대중예술의 경계 해체, 정치적으로는 여러 문화와 민족, 인종의 경계를 해체하는 것이 포스트모더니즘이 추구한 이념이었다.

2-65 | 존슨, 〈AT&T 빌딩〉, 미국 뉴욕, 1984.

포스트모더니즘은 예술의 형식에도 적잖은 영향을 끼쳤는데, 가장 대표적인 양식으로 팝아트(pop-art)를 들 수 있다. 팝아트는 구상미술(具象美術)의 한 경향으로, 사실상 어느 장르에도 구애받지 않고 1950년대 영국과 미국에서 발생했다. 팝아트는 주로 일상생활과 소비문화, 매스미디어, 광고 등에서 모티프를 얻었는데, 이렇게 기존 형식을 파괴하고 서브컬처(subculture)를 적극적으로 도입해 예술의 의미를 모호하게 만드는 작품을 본 다른 예술가들은 팝아트를 안티 예술이라 칭하기도 했다. 대표적인 예술가로는 앤디 워홀(Andy Warhol)과 로이 리히텐슈타인(Roy Lichtenstein), 톰 웨슬만(Tom Wesselmann) 등을 들 수 있다.

건축에서의 모더니즘은 두 번의 세계대전으로 어려움에 봉착했고, 1965년 르 코르뷔지에의 죽음으로 그 정신적 이상도 희미해졌다. 한편에서는 기술 발달에 의한 부재의 강조 및 과장, 분절된 형태, 중량감의 거부를 통해 모더니즘 건축의 명맥을 유지하려고 노력했지만, 이는 건축가 찰스 잼스의 표현대로 "시골에서 올라온 할머니에게는 너무도 낮

2-66 │ 오스트리아 빈의 어느 보석가게.

선 형태"로서 점차 그 위세를 잃어가고 있었다. 이러한 상황에서 등장한 것이 포스트모더니즘 건축이다.

조형적이고 직선적이며 직설적인 단순함이 주를 이루는 모더니즘 건축은 관찰자의 참여가 결여됐다고 여겨졌다. 포스트모더니즘 건축은 관찰자의 참여를 끌어내기 위해 은유적인 표현으로서 수사적 형태언어를 선택했다. 대표적인 건물이 미국 건축가 필립 존슨(Philip C. Johnson, 1906~2005)이 설계한 뉴욕(New York)의 〈AT&T 빌딩〉이다.(2-65) 모더니즘 이래 사라진 경사지붕이 되살아났고, 로마네스크의 3단 구성과 함께 르네상스 시대 건축물처럼 벽 속 기둥의 형태를 보이며, 창은 롤스로이스 자동차의 라디에이터 같은 구성을 보이고 있다. 전체적으로 중세에 흔히 볼 수 있었던 괘종시계나 옷장의 형태를 보인다. 이렇듯 포스트모더니즘은 복고주의나 아르누보 같은 고전적 언어를 통해 전통을 되살리려 노력했다.

특히 대칭 형태는 모더니즘 건축이 추구하지 않은 것으로, 포스트모더니즘이 역사주의 건축가들에게 새로운 방향이자 기회였음을 알게 해준다.(2-66)

극적인 예로 루브르 박물관(Musee du Louvre) 앞, 미국 건축가 페이(I. M. Pei, 1917~)의 〈유리 피라미드〉를 들 수 있다. 이 건물은 절대적인 왕권을 상징하는 〈피라미드〉를 현대의 프랑스로 불러들여 과거의 영광을 부활시키고자 하는 욕구에 다름 아니다. 포스트모더니즘이 내포한 의미가 잘 드러나 있는 것이다. 즉 포스트모더니즘은 모더니즘에 의해 잃어버린 과거를 되찾고 싶어했다. 포스트모더니즘 예술가들은 수사적 수단을 동원해 잃어버린 과거를 되살리고자 노력했다.

상식에 반란을 꾀한 네오 모더니즘

고대(이집트, 그리스, 로마), 중세(비잔틴, 로마네스크, 고딕), 뉴타임(르네상스, 매너리즘, 바로크), 모던, 포스트모던을 거치면서 건축의 디자인은 변화에 변화를 거듭했다. 그러나 그 내면에는 부르주아와 프롤레타리아의 싸움과 같은 양상이 보인다. 고대는 인간이 신격화되는 양상을 보였으며, 중세는 신이 중심이 되는 시대였고, 뉴타임은 인간의 정체성으로 회귀했다. 모던에서는 탈과거라는 모토 아래 기계의 미학을 선보였다. 그리고 포스트모던은 다시 과거로 돌아가고자 했다.

고대의 중심 세력은 권력집단이었다. 이들이 예술을 주도했으며, 대부분의 예술이 이들을 중심으로 만들어졌다.

중세를 지나 뉴타임은 인간을 다시 신인동형의 존재로 부각시켰다. 인간의 능력은 권력에서 발생했고, 귀족과 평민이라는 계급사회가 형성되었다. 사용자와 예술가의 관계가 주종관계에 놓여 있어 예술가는 주로 후원자인 사용자의 취향에 따라 작품을 만들었다. 그러다가 시민혁명과 산업혁명으로 이러한 상황이 뒤집혀 평등한

2-67 | 추미, 〈라빌레트 공원〉, 프랑스 파리, 1995.

2-68 | 아이젠만, 〈누노타니 건물(Nunotani Office Building)〉,
일본 도쿄, 1992.

사회가 나타나고 프롤레타리아가 중심이 되면서 예술가와 사용자의 단절이 일어난 것이다.

그러나 시민혁명에 밀려난 부르주아 세력은 포스트모던의 기치 아래 모던의 세력이 약해지는 1960년대에 과거의 영광을 되찾고자 양지로 등장하기 시작했다. 그들의 은유적인 표현과 엘리트적인 형태언어는 실용성보다는 사용자와 예술가 사이의 대화를 시도해 새로운 관계를 형성하려는 것이었다.

네오 모더니즘(neo-modernism)은 역사를 통해 익숙해진 형태에서 벗어나 암호로 가득한 예술가들만의 형태를 만들고, 읽히지 않는 구성을 통해 새로운 구성을 만들어가기 시작했다.(2-67) 이들에게 형태의 융화는 큰 의미가 없었다. 조화는 네오 모더니즘에서 존재하지 않았다. 형태 자체를 부정하는 것처럼 이들은 보이는 것을 해체하려 했으며(해체주의), 규제와 기본을 부수어버리려는 시도를 서슴지 않았다. 이들에게 대지와 환경, 그리고 도시는 건축물을 만들 수 있는 영역일 뿐 그 이상의 의미는 없었다. 모더니즘이 기계 또는 산업화 같은 현재의 상황을 최대한 반영하려고 했듯이, 네오 모더니즘 또한 형태에 현재성을 강조했다.

네오 모더니즘의 건축가 중의 하나인 피터 아이젠만(Peter Eisenman, 1932~)은 형태와 내용을 분리하는 건축문법을 사용했다. 그는 작품을 통해 내·외부의 파열, 사이 개념을 도입하여 기하학적이고 유기적인 형태의 건축을 추구했다.(2-68) 그의 건축물은 건축이 사회와 관계를 맺는 방식과는 무관했다. 그는 건축을 교훈적·이념적·지적·문화적인 입장에서 다루지 않고, "내가 작업을 계속하는 것은 내가 무엇을 하고 있는지 아직 모르기 때문"이라는 신념으로 건축 그 자체를 탐구하기 위해 설계했다.

네오 모더니즘이 꿈꾼 것은 상식에 대한 반란이었다. 우리 눈에 익숙하고 편안한 형태가 존재할까? 그것은 어떤 형태이며, 왜 편안한 느낌을 줄까? 이른바 특이한 형태란 무엇을 기준으로 말하는 것일까? 상식에서 벗어나기 위해서는 먼저 상식에 대한 이해가 전제되어야 한다. 또 그러려면 자신이 관습이라 생각하는 것에 대한 충분한 분석이 있어야 한다. 그렇다면 처음으로 돌아가, 왜 상식에 대해 반란해야 할까?

"건축은 표준성에 흡수되지 않고 저항하는 것이다. 흡수에 대한 저항이 바로 현재성이다"라고 한 피터 아이젠만의 말을 분석해보면, 표준이란 곧 과거다. 표준을 따르는 것은 과거의 반복일 뿐, 이는 건축가가 현재 새로운 것을 만드는 게 결코 아니다. 상식을 위반한다는 것은 곧 새로운 창조를 의미한다고 본 것이다.

우리는 물론 표준적인 것, 상식적인 것에 익숙해져 있다. "지나치게 새로운 것만큼 위험한 것도 없다. 그만큼 빨리 구식이 되어버리기 때문이다"라는, 영국의 작가 오스카 와일드(Oscar Wilde)의 말도 틀린 것이 아니다. 그러나 상식적인 것과 새로운 것, 둘 중의 하나를 굳이 부정하거나 옹호하기보다는 이 둘을 같이 파악하는 것이 건축물을 분석하는 데 유리하다. 모더니즘은 새로움을 나타내기 위해 자신에 대항하는 모든 것을 진부한 것으로 규정짓는다. 따라서 모더니즘을 이해하려면 먼저 표준과 상식에 대해 이해해야 한다. 어떻게 보면 모더니즘은 표준과 상식이 활성화시키는 것이다.

모든 건축물이 반드시 기존의 양식 또는 새로운 양식 중 하나를 선택

해야 하는 것은 아니며, 2개의 양식이 공존하는 경우도 있다. 아마 네오
모더니즘에는 데카르트(René Descartes)의 사상이 깃들어 있는지도 모른
다. "나는 생각한다, 고로 존재한다"라는 개념은 현재성을 의미하며, 이
는 피터 아이젠만의 표현과 일맥상통하는 것이다. 데카르트처럼, 조금
이라도 불확실한 것은 의심해봐야 한다. 여기에서 의심이라는 단어를
관찰과 변형이라는 단어로 바꿔 살펴볼 수도 있다. 관찰은 기존에 이어
내려온 것을 보는 것이고, 변형은 그것을 기점으로 시작되는 것이기 때
문이다.

TIP

피터 아이젠만과 네오 모더니즘 건축

세계적 건축가이자 정원 디자이너인 건축비평가 찰스 쟁스는 피터 아이젠만의 작품을 퇴폐적이라고 표현했다. 찰스 쟁스가 포스트모더니즘 건축가였기 때문인데, 아이젠만은 포스트모더니즘이 싫어하는 네오 모더니즘 건축가였다.

피터 아이젠만의 작품은 수평과 수직을 거부한다. 그의 건물에는 중력이 없기 때문이다. 중력이 없는 이유는 구조가 해체되었기 때문이며, 이 말은 그가 해체주의 건축가라는 뜻이다. 해체주의는 우리가 상상하는 것이 형성되지 않는다는 뜻이다.

아이젠만과 더불어 리베스킨트, 프랭크 게리, 자하 하디드 등이 해체주의적인 표현을 하는 건축가로 알려져 있다.

피터 아이젠만의 주요 작품 중 하나인 '하우스(House)' 시리즈는 그의 실험정신을 단적으로 보여주는 건축물이다. 그는 이러한 건축물

을 통해 과거와 현재, 그리고 미래를 나타내려 노력한 건축가다.

대표작으로 〈고이즈미 조명회사 사옥〉(2-69), 〈막스 라인하르트 하우스〉, 〈누노타니 건물〉 등이 있다.

2-69 | 아이젠만, 〈고이즈미 조명 회사 사옥(Koizumi Sangyo HQ Building)〉, 일본 도쿄, 1990.

chapter 3

도시를 창조한 건축,
사회를 이해하는 척도

─── 각 나라마다 우리에게 주는 인상이 다른데, 그 이유에는 건축물의 영향이 가장 크다. 이는 건축이 시대를 반영하기 때문인데, 그 시대란 바로 사회적 특성에 해당한다. 이렇게 건축과 사회는 서로 영향을 주고받는다. 오랜 세월을 거치면서 이상적이지 않은 것은 점차 사라지고, 미래지향적인 것만이 건축에서도 살아남는다. 그 시대의 사회 분위기에는 국가의 정책과 경제 상태, 그리고 삶의 방식이 많이 반영된다. 이에 따라 건축과 도시는 계획적으로 발전하기도 하고, 여러 문제점을 안고 있는 것으로 변모하기도 한다. 특히 산업화 과정에서 산업 구조가 바뀌면서 사회는 다양한 모습으로 변화했는데, 이를 담당한 한 축이 건축이다.

건축은 도시의 얼굴로서 어떤 건축물이 도시를 꾸미고 있는가에 따라서 사회 분위기가 많이 달라진다. 대도시의 고층건물들은 산업의 최전방에 서는 역할을 한다. 경제가 안정되고 번창할수록 영업의 중요성이 커지며, 이를 담당하는 대도시의 사무실 건물들이 증가한다. 고층건물이 많다는 것은 곧 그 나라의 경제 활동이 활발하다는 증거라고 할 수 있다.

그런데 기능적인 측면만을 강조하여 도시의 건물을 지어서는 안 된다. 도시는 과거, 현재, 그리고 미래를 품고 있어야 한다. 그 사회의 과거를 담고 있는 건축물이 아직도 많이 남아 있는 도시에서 사람들은 안정과 휴식을 더 얻는다. 이는 사회적으로 유익한 일이다. 앞으로 기술이 뒷받침된 IQ 높은 건축물이 사회에서 우선순위를 차지하고, 국제양식을 띤 건축물이 각광받게 될 가능성이 크다. 그 가운데서도 인간에 바탕을 둔 사회적 가치를 담아내는 건축의 사회적 책무도 지켜나가야 할 것이다.

그 시대의 사회상을 반영하는 건축

사회와 건축은 서로 영향을 주고받는다

건축은 결코 만만한 것이 아니다. 건축은 공간을 만드는 행위이기 때문이다. 그런데 공간을 만들기 위한 전문적인 기술을 열심히 습득한 후에도 전문가가 되는 길은 그리 쉽지 않다. 왜냐하면 물리적인 기술을 습득하고 나면 보이지 않는 추상적인 개념을 이해해야 하고, 그 시대의 시대상까지 알아야 하는데 이 또한 간단치 않은 일이기 때문이다.

세계 여러 나라를 둘러보면 각 나라마다 주는 인상이 다르다. 그 이유에는 여러 가지가 있을 수 있지만 건축물의 영향이 가장 크다. 그것은 역사적으로, 시대별로 살펴봐도 그렇다. 과거 어느 시기 건축물의 배열이나 모양은 지금

3-1 | 앞면이 좁고 뒤로 긴 건물들, 네덜란드 암스테르담.

과는 차이가 많다. 이는 건축이 시대를 반영하기 때문이다. 그렇다면 그 시대란 과연 무엇을 의미하는가? 바로 사회상이다. 건축물이 유행만 따르는 것은 결코 아니지만, 그래도 그 시대의 성향을 반영할 수밖에 없다.

유럽의 도시를 살펴보면, 역사적으로 서민들의 건물들은 촘촘하게 붙어 있다. 특히 도시 안에서 강을 끼고 있는 지역은 그러한 현상이 더 두드러진다. 전면은 좁고 후면으로 더 긴 건물의 형태가 빈틈없이 붙어서 있다.(3-1) 이 건물들을 지을 당시의 세법(稅法)이 전면의 면적을 기준으로 했기 때문에 가능한 한 전면의 폭을 줄이려고 한 것이다. 이렇게 건축물을 보면 당시의 사회상을 엿볼 수 있다.

로마 시대의 건물은 전면에 정성을 다한 반면, 좌우나 후면은 단순한 처리로 마감한 특징을 보이고 있다. 군인은 체스의 졸처럼 앞만 보고 가는 것이 그 특징이다. 좌우를 둘러보거나 후퇴한다는 것은 로마 군인에게는 수치였다. 이러한 군인정신이 건물에도 반영되어 있는 것이다. 이를 보면 그들에게 군인정신은 곧 국가정신이었음을 느낄 수 있다.

이렇듯 사회와 건축은 서로 영향을 주고받는다. 그러나 이상적이지 않은 것은 시간이 지나면서 점차 사라지고, 미래지향적인 것만이 건축에서도 살아남는다.

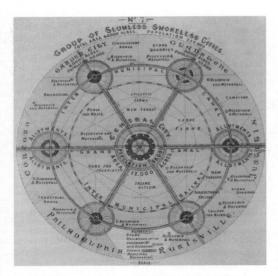

3-2 | 하워드(Ebenezer Howard), 근대유럽의 도시계획안, 정원도시.

산업이 발달하지 않았던 우리나라의 초기 도시 형태는 대도시, 소형도시, 산업도시, 교육도시, 공업도시 등으로 구분할 수 없었다. 이것은 서양에서 전개된 도시의 성격을 잘 파악하지 못한 이유도 있지만, 일제강점기를 겪으면서 자율적인 도시 형태를 만들기보다는 수동적인 개발에 치중했고, 일제강점기 이전의 전통적인 도시 형태에서 그대로 멈춰버린 이유도 있다.

유럽은 산업혁명을 겪으면서 변화하는 시대에 부응하고자 다양한 도시 형태를 실험적으로 시도했다. 과거의 도시 형태를 벗어나려고 의도적으로 구도시와 신도시를 구분해서 개발하기 시작한 것이다.(3-2) 반면에 우리는 초기 서울과 부산 모두 도시 형태가 명확히 구분되지 않았다.

그러나 광복 후 급변하는 정세에 맞춰 서울은 본래의 모습을 잃고 과도기적인 형태로 발달하기 시작했다. 이것이 바로 그 시대를 반영한 도시의 모습이었다. 말은 제주도로 보내고 자식은 서울로 보내라는 말이 나온 것도 바로 당시의 사회상을 반영한 것이다.

과도기적인 상황에서 서울은 가장 기본적인 사회 형태를 반영한 구조로 발달해나갔다. 지하자원과 생산성이 떨어지는 도시는 자연스럽게 인적 자원을 확보하기 위해 학교를 만들기 시작했다. 그리고 당시에는 선

3-3 | 〈연세대학교 연희관〉. 서구의 영향을 받은 건물 형태.　　3-4 | 개발도상국의 개발 현장, 서울, 1960.

교사들이 들어와 대학을 설립하는 경우가 많았는데, 그들은 자국에서 가져온 도면을 바탕으로 대학 건물을 지었다. 그래서 우리의 대학 건물은 대부분 서양건축의 형태를 마치 상징처럼 갖게 되었다. 이것이 이 시대 대학 건물이 지녀야 할 일반화된 형태로, 불문율처럼 여겨진 것이다.(3-3)

또한 산업화 과정과 새마을운동이라는 국가적 분위기 속에서 사회는 다양한 모습으로 변화했는데, 이를 담당한 한 축이 건축이었다.(3-4)

건축은 도시의 얼굴이다. 도시 사람들이 유동적인 도시의 이미지를 상징한다면, 건축물은 고정적인 이미지를 담당한다. 어떤 건축물이 도시를 꾸미고 있는가에 따라서 사회적인 분위기도 많이 달라진다.

> **새마을운동**
> 1970년대부터 시작된 지역사회 개발 운동으로 근면·자조·협동의 정신을 바탕으로 생활환경 개선과 소득증대를 목적으로 실시되었던 범국민적인 운동이다. 특히 건축에서는 낙후된 농어촌을 개발하기 위해 주택을 개량하고, 도로를 정비하는 특징을 보였다.

유럽의 도시들은 전쟁 중에 많이 파괴되었지만, 그래도 복구가 활발히 이루어지면서 중세의 이미지를 많이 간직하고 있다. 반면 미국은 첨단의 이미지를 더 강하게 전달한다. 또 개발도상국의 경우는 서구의 영향을 받아 곳곳에 개발하는 모습을 많이 보인다. 이러한 모습들은 경제상황에 더 긴밀하게 영향받는다. 경제성장이 빠른 국가는 도시의 정비와 함께 도시 성격이 상업도시, 공업도시, 주거지역으로 점차 구분됨으로써 선진화된 도시 형태가 되어간다. 그러나 경제력이 약한 국가는 지지기반이 만들어질 때까지 발전 속도가 늦춰져 장기간에 걸쳐 각 도시에서 공사가 진행되는 모습을 보인다.

한편 사람들은 건축물의 영향을 받는다. 고층빌딩이 솟구친 거리에 들어서면 사람들은 긴장하게 된다. 자신의 정체성에 대해 두려움을 갖기 때문이다. 특히 도심 거리에 사람이 별로 없는 경우에는 더 심하다.

그러나 한적한 시골마을에 가면 편안함을 느낀다. 그 이유는 낮은 '울'(원래 울타리의 줄임말이지만, 울타리보다 더 낮고 시야를 덜 가린다는 긍정적인 의미를 담고 있다)과 마당이 보이고, 집을 들여다볼 수 있어 나의 위치와 상대방의 위치가 동등해지기 때문이다. 여기에서 중요한 요소가 바로 울이다. 이 울이 바로 '우리'라는 공동체의 의미를 갖고 있는 단어로 발전된 것이다.

반면 도시에서는 '우리'라는 동질감을 찾아볼 수 없기 때문에 이방인이 된 듯한 느낌을 받는 것이다. 또한 도시의 바닥이 주는 느낌도 시골의 비포장도로가 주는 것과 다르다. 도시의 바닥은 대부분 석재로 되어 있어 내가 낸 소리만큼 되돌려준다. 그러나 시골의 비포장도로는 모든 발소리를 받아들인다.

국가 정책에 따른 산업화와 도시의 분화

사회적인 분위기는 국가의 정책과 경제 상태, 그리고 삶의 방식에 의해 많이 좌우된다. 그중에서도 특히 국가의 정책이 결

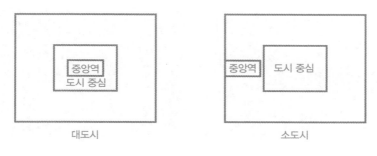

중앙역
도시 중심

대도시

중앙역   도시 중심

소도시

3-5 | 독일 대도시와 소도시의 중앙역 위치.

정적인 영향을 미친다. 6 · 25전쟁이 끝나고 우리나라는 자립보다는 복귀를 하는 데 주력했다. 그래서 무너진 폐허에 먼저 돌아가 자리를 잡기 시작하며 주거 복구에 힘썼다. 6 · 25전쟁 전에는, 광복 이후 과도기적인 정책으로 뚜렷한 정부의 색깔을 가질 수 없었다.

그러나 전쟁을 겪으면서 피란 등의 대이동을 계기로 각 지역의 국민이 섞이게 되었는데, 이는 대도시의 형태를 만드는 데 적지 않은 활력을 불어넣었다. 초기에는 불명확한 정책 노선에 따라 진행된 산업화로 인해 지역 구분 없이 소비자와 생산자가 직접적으로 만나는 혼합된 도시 형태를 띠었다. 점차 정부가 새마을운동이라는 새로운 정책 아래 산업에 대한 뚜렷한 정책을 세우고 생산지와 소비지를 연결하는 도로를 건설하면서부터 도시는 독립적인 성격을 갖기 시작했다.

이러한 도시 형태의 변화는 각 나라마다 고유의 특색을 보이며 진행되었다. 독일의 도시는 규모가 작고, 중심과 외곽이 명확하게 구분된다. 신도시와 구도시의 구분이 분명하며, 중앙역의 위치가 대도시와 소도시의 차이를 분명하게 보여준다. 대도시에는 중앙역이 도시 중심에 있고, 소도시는 중앙역이 도시 외곽에 위치해 있다.(3-5) 미국 대도시의 경우 도로를 격자 형태로 만들어 교통에 신경 쓴 것을 알 수 있으며, 특히 시카고의 건

3-6 │ 서울의 골목, 1960년대(왼쪽), 2000년대(오른쪽).

축물은 유럽보다 도시의 역사가 짧다는 사실을 잘 드러내고 있다.

이렇듯 도시의 형태가 각 나라마다 다르게 표현되는 것은 그 사회가 구조적으로 중요시 여기는 것과 그렇지 않은 것의 차이에서 비롯된다.

예를 들면, 우리나라의 1960년대 도시 형태는 매우 단순했다. 주거지 역과 공업지역의 구분이 명확하지 않았으며, 단순히 경제활동을 하는 건축물, 주거지역, 교육시설 이렇게 3가지로 구분할 수 있었다. 이는 당 시의 우리 사회가 이 3가지도 제대로 갖추지 못했음을 뜻한다.

그러나 지금의 도시영역은 과거와는 커다란 차이를 보인다. 더 세분화 되고, 수준도 높아졌다. 이는 사회가 그러한 수준을 요구하기 때문이다. 가령 과거의 아파트는 건물만 있으면 되었다. 그러나 지금은 아파트 단 지도 스마트한 기능을 갖춰야 한다. 아파트 단지가 완성되기 위해서는 주변의 도로가 연결되어 있어야 하고, 주차시설과 조경단지가 조성되어 야 하며, 상업건물이 구비되어야 하고, 주변에 교육시설이 확보되어 있 어야 한다.(3-6, 3-7)

이렇듯 건축은 그 사회를 반영하고, 사회는 건축의 영향을 받는다. 과 거에는 차량도로와 인도를 구분하여 설치하는 문제가 그리 절실하지 않 았으나 현대에는 도로가 산업화와 직결되는 동맥 역할을 감당하고 있

3-7 | 서울의 변화가. 1960년대(왼쪽)와 2000년대(오른쪽).

다. 과거에는 차량이 많지 않아서 인도와 차도의 구분이 없어도 별로 문제가 발생하지 않았다. 그러나 산업은 속도가 관건이라는 개념이 도입되면서, 즉 신선한 재료에 대한 수요를 충족시키는 방법이 바로 속도와 관계 있다는 사실을 깨달으면서, 도로는 인도에 방해받지 않아야 한다는 인식이 싹트기 시작했다.

이러한 문제의식은 이미 근대에 미래파가 인식한 것으로, 인도와 도로를 구분한 바 있다. 미래파는 소음을 상당히 긍정적으로 해석했다. 살아 있는 것과 생동하는 것은 소리가 난다고 생각했던 것이다. 그래서 박물관이나 미술관 등은 부정적인 시설로 여긴 반면, 기차역·공장·도로 등은 적극적으로 권장해야 하는 요소로 간주했다.

대표적인 미래파 건축으로 평가되는 〈산텔리아 신도시 계획안〉(그림 [2-58] 참조)은 역·발전소·고층주택과 같은 건축을 새로운 도시의 상징으로 설정하고, 그 밑에 층을 이룬 자동차 도로와 선로, 건물로부터 독립된 엘리베이터와 같은 테크놀로지의 교통을 끼워놓음으로써 다이너미즘(dynamism, 역동적인 것)의 도시건축화를 보여주었다.

비록 미래파가 존재한 기간은 짧았지만, 그 영향은 아직도 남아 있다. 도시의 영역도 이러한 기준을 바탕으로 구역이 정리되었다. 산업화가 활발한 지역, 사무실이 몰려 있는 지역, 서비스업이 성행하는 지역, 주거 지역 등, 기능에 따라서 영역을 구분하는 것이다. 이것이 바로 피카소의 큐비즘과 맥을 같이하는 부분이다. 피카소는 모든 형태를 영역별로 구분하는 시각을 가지고 있었다. 이 영역이 바로 구성요소이며, 피카소는 이 구성요소를 본질이라고 믿었다. 피카소의 이론이 도시의 구성요소로 작용한 것이다. 피카소는 이 구성요소의 역할이 전체의 성격을 구분 짓는다고 생각했다. 전체가 각 요소를 구분 짓는 것은 아니기 때문이다.

사회구조가 다르면
건축구조도 다르다

사고방식에 따른 건축구조의 차이

      서양에서는 집에 들어갈 때 대부분 신발을 벗지 않는다. 그러나 우리의 경우는 서양과 달라 밖에서 신고 온 신발을 벗고 집 안으로 들어선다. 언뜻 보면 우리의 생활구조가 내부와 외부가 명확하게 구분되어 있는 듯하지만, 사실상 관습은 그렇지 않았다. 이는 우리 민족이 갖고 있는 정(情)이라는 개념 때문인데 그 모습은 과거 우리 주택에 잘 투영되어 있다. 골목길과 집 안 내부 사이에 마당이 있어 완충 역할을

3-8 | 울에 둘러싸여 내부와 외부가 구분된 한국의 전통가옥 형태.

하는 영역이 존재했다. 담장을 높이 쌓지 않아 시각적으로도 자유로웠을 뿐만 아니라 방까지는 모두의 공유 영역이었다. 특히 골목길에서 안방까지 들어가는 데 마당·평상·툇마루·처마 등의 영역을 거치는 것은 냉정하지 못한 우리 사회구조의 특징을 그대로 반영한 것으로 볼 수 있다. (3-8)

이러한 생활구조의 차이는 집 안의 바닥재를 달리 선택하는 결과를 가져왔다. 서양의 바닥은 대부분 대리석이나 콘크리트로 마감한 형태로 되어 있다. 반면 우리는 석재보다는 장판이나 목재를 주로 사용했다. 그래서 서양과 우리나라는 청소하는 방법과 청소하는 기구가 서로 다르다. 학교 생활환경에서도 서양과 동양의 차이가 그대로 드러난다. 우리는 학교에서 실내화를 신는 반면, 서양에서는 실내화를 신지 않는다.

이러한 차이는 집 밖의 공간에도 동일하게 적용되어, 서양은 이미 도시의 많은 길을 포장으로 덮어버렸다. 우리나라도 전반적으로 점차 비포장도로가 사라지고 포장도로가 증가하는 추세다. 그리고 그 결과, 폭우가 내리면 땅으로 스며들어야 할 물이 한꺼번에 하수구로 몰리면서 하수시설이 낙후된 지역에서는 홍수의 원인이 되고 있다. 원래 땅은 물을 흡수하면서 지면 위의 배수를 원활하게 처리해야 한다. 그런데 아스팔트와 같은 포장재료가 지면을 덮은 탓에 빗물을 흡수하지 못하고 하수구로 흘러가기 때문에 도시가 점차 사막화되고 있다. 도로의 포장 비율이 높을수록 선진국이라는 개념은 잘못된 것이다. 돌과 돌 사이의 간격이 충분하여 물을 잘 흡수하는 중세 이전 도로포장의 우수성을 다시 확인할 필요가 있다.

가족구조에 대한 인식에 따른 건축구조

동서양의 가족구조에 대한 인식의 차이는 주거 형태에서도 다른 모습을 보이게 한다. 서양에서는 만 18세가 되는 생일에 많은 사회적 의미를 부여한다. 만 18세는 독립할 수 있는 나이를 뜻한다. 독립은 우리에게는 자립을 의미하지만, 서양에서는 하나의 개체로서 자율적인 성인이 되었음을 뜻한다. 즉 모든 행동과 선택을 스스로 책임지며 살아가야 하는 것이다. 이러한 사회적 통념은 18세가 되면서 먼저 부모와의 생활에서 독립해 거주지를 옮기고 비동거인이 되는 상황으로 이어진다.

그래서 서양의 주거 형태에는 온전한 가족을 위한 형태뿐만 아니라, 이렇게 새로운 구성원들을 수용하는 단위공간을 갖춘 주거지도 많이 확보되어 있다. 이러한 주거 형태는 대도시, 특히 대학도시에서 쉽게 찾아볼 수 있다.

우리의 주거 형태는 물론 과거처럼 대가족 형태는 아니지만, 아직도 서양처럼 가족으로부터 쉽게 독립하는 사회적 시스템이 마련되지 않아서 가족 위주의 주거 형태가 대다수를 이루고 있다. 특히 18세 이상의 젊은이가 학생으로서, 또는 경제적인 존재로서 독립할 수 있는 사회적 시스템이 갖춰져 있지 않기 때문에 개별적인 주거 형태에서는 아직 서양과는 확연한 차이가 있다.

그러나 우리 사회도 점차 생활방식이 서양화되고 있으며, 또 과거보다도 1인 거주 형태가 늘어나고 있다. 그리고 개인 오피스텔이나 원룸 형식의 주거 형태가 증가하는 추세를 보임에 따라 점차 사회적인 생활 시스템이 변화되고 있음을 알 수 있다.

또한 서양과 우리의 생활 형태는 주택의 구조에서도 그 차이가 잘 나타나 있다. 서양은 내부와 외부의 구분이 명확하고, 개인 존중의 사회구조를 갖고 있으며, 수직구조를 보이고 있다. 반면에 우리 사회는 자연(외부)을 품은 구조 형태로 출발했기 때문에 개인보다는 가족 구성원과 함께 어우러지는 수평적인 구조를 갖고 있다.

따라서 가옥 형태도 서로 다르다. 서양은 입구에서 외부인의 출입이 가능한 거실(지상층)로 이어지고, 복층(개인 공간)으로 되어 있다. 반면에 우리의 구조는 마루가 먼저고, 안방으로 연결되어 있으며, 단층으로 수평적인 평면을 기본으로 하고 있다.

지형에 따라 다른
얼굴을 하는 도시

환경은 건물을 인식하기 위한
기본적인 표현이다

　　　　환경의 지형학에서 재료와 구조적인 특성은 매우 중요한 역할을 한다. 즉 아름다운 바닷가에 있느냐, 아니면 인위적으로 만든 집 안에 있느냐에 따라서 우리가 받는 느낌은 분명히 다르다. 이렇듯 공간을 규정하는 요소의 재료가 공간을 인식하는 데 영향을 미치는 것처럼, 표면의 구조와 재료는 우리가 환경에 대해 인식하는 방법에 영향을 끼친다. 환경의 형태 · 구조 · 재료가 변화하는 그곳에 해변, 강어귀, 산꼭대기, 계곡 등과 같이 서로를 구분할 수 있는 대조적인 것이 큰 역할을 한다.

이러한 대조적인 면이나 대조적인 선에서 그 환경이 돋보이는 독특한 장소와 위치가 평가에 대한 가치를 형성한다. 아울러 환경으로서의 경치는 위치의 선택과 건물의 종류를 판단하는 데 커다란 영향을 준다. 프랭크 로이드 라이트는 "대부분의 경우에 서 있는 장소와 건축물의 위치가 판단을 하는 데 중요한 요소가 된다"[1]고 했다. 또한 경치 안에서 대조적인 면이나 선이 우선적으로 인식된다. 예를 들어 건물이 걸쳐진 암벽, 강어귀, 산등성이, 강변 등이 이에 해당된다. 환경은 건물을 인식하기 위한 기본적인 표현이다.

고대 이집트에서 자연환경은 단지 건물을 위한 표현만이 아니고, 궁극적으로 전체 세계관의 표현이었다. 나일 강은 양쪽으로 강변을 이루며 북서쪽의 축을 형성했다. 강물의 축을 따라 형성된 가늘고 긴 대지를 비옥하게 만드는 나일 강은 이집트 국민의 생명선이자 삶을 포함한 모든 것으로서 상징적인 의미를 담고 있으며, 또한 깨끗한 물을 공급하는 기능도 갖고 있었다.

이와 함께 빛을 선사하는 태양은 신으로 추앙받았다. 동쪽에서 떠서 서쪽으로 지는 태양의 흐름은 나일 강의 축과 함께 직각을 이루고 있는데, 파라오가 묻혀 있는 〈피라미드〉는 해가 지는 방향인 나일 강의 왼편, 즉 서쪽에 놓여 있다. 〈피라미드〉를 자세히 살펴본 결과 그 배치가 태양이 흐르는 하늘의 방향에서 약간의 각도만 틀어져 있음이 확인되었다. 이집트의 사원과 〈피라미드〉 시설은 나일 계곡이 강변을 향해 경계가 되는, 땅이 불룩 올라와 있는 강어귀에서 찾을 수 있는데, 그 축은 강에 대해 수직으로 흐르고 있다.

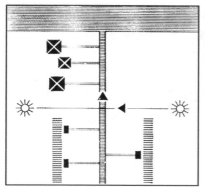
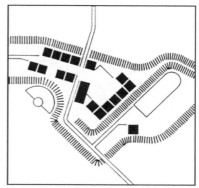

3-9 | 고대 이집트의 배열 시스템.　　　　　3-10 | 고대 그리스의 배열 시스템.

　　크리스티안 노르베르그-슐츠는 "〈피라미드〉는 낮은 지대의 이집트에
서 높은 지대의 이집트로 강을 넘어가는 경우, 사막에 있는 산과 같이 상
징적인 표시를 하는 이정표로서의 역할을 한다"[2]라고 말했다.(3-9)

　　그리스의 자연환경은 이집트의 기본적인 자연환경과는 구분된다. 나
일 강이 이집트의 거대한 면적을 2개로 나누었던 반면에, 그리스는 산이
대지를 통과하고 바다에 차단되는 형태를 띠고 있다. 이와 상응하여 모
든 장소가 각기 다른 성격을 나타내고, 다양하게 반응을 하는 환경이 펼
쳐져 있었다.(3-10)

　　그리스의 신들은 특별한 장소를 할당받았다. 조화를 방사하는 듯한 장
소는 제우스 신에게 바쳐졌다. 인간이 모이기에 합당한 장소는 아테네
신에게 바쳐졌다. 건물의 배치는 자연적인 질서가 지배하면서 지세학(地
勢學)을 통해 결정되었다. 자연스러운 지형을 그대로 살렸기 때문에 깔
끔한 기하학적 배열을 얻기는 매우 어려웠다.

　　그리스의 도시 형태가 대부분 그렇듯이 터키에 있는 〈아크로폴리스

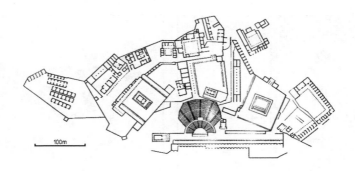

(Acropolis)〉도 규칙적인 배열보다는 불규칙적이고 복잡한 구성으로 이루어져 있다. 이는 지역적인 영향도 있지만 먼저 신전과 야외극장, 그리고 중요한 건물들이 들어서고 그 나머지 영역에 일반적인 건축물이 배치되어 계획적인 형태를 갖출 수 없었기 때문이다.(3-11)

자연환경보다 권력을 반영한 로마 건축

고대 로마의 건축은 그리스나 이집트만큼 자연환경을 적극적으로 이용하지는 않았다. 여기에는 무엇보다 2가지 이유가 있다. 먼저 새로운 건축기술이 지형에 전적으로 의존하지 않아도 되는 가능성을 열어주었다. 예를 들어 벽돌과 모르타르 기술은 새로운 지지구조를 만들어냈다.

한편 도시국가에서 출발한 로마 제국은, 수도 로마가 중심이자 세계의 중앙으로서 전체 제국을 4개로 나눈 긴장된 조직구조를 갖고 있었다.(3-12) 이 구조는 또한 도시 간의 관계나 건물 간의 관계를 유지시켰다. 대부

분의 로마 도시는 서로 수직을 이루는 2개의 중
심축을 갖고 있었다.

우리는 이러한 배열을 깔끔한 형태라고 생각
하지 않는다. 왜냐하면 이후 도시를 확장하게
될 경우 더 이상 원래의 배열 형태를 고려할 수
없는 상황에 처하거나 지형학적으로 주어진 환
경을 적용하는 데 많은 제약을 받기 때문이다.
로마 건축은 자연환경을 이용한 것보다는 로마
를 권력의 도시로 표현하려는 의도에서 상징적
인 배열구조를 가진 것이 더 많다.

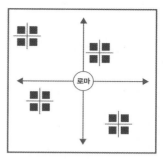

3-12 | 고대 로마의 배열구조.

〈디오클레티아누스 궁전(Palace of Diocletian)〉
은 로마 도시의 형태를 잘 나타내는 격자 형태
의 구조를 갖고 있다.(3-13) 이는 강력한 로마
군대의 조직적인 상징성을 갖는 형태인데, 초
기에는 이러한 구조를 만들 수 있지만 후에 이
를 변형하거나 확장하는 경우 틀이 변형된다는

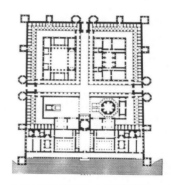

3-13 | 〈디오클레티아누스 궁전〉(평면도), 크
로아티아 스플리트, 295~304.

단점을 갖고 있다. 로마는 지형에 구애받지 않는 건축구조를 갖고 있는
데, 이는 다른 나라에 비해 매스로 건축물을 짓지 않고 형태 변형이 쉬운
벽돌구조를 사용했기 때문이다.

환경과 건축의 관계,
조화 · 대조 · 대립

조화 · 대조 · 대립

자연적인 환경이나 도시적인 영역에서 건물의 인위적인 환경을 어떻게, 어느 정도 형상화할 것인가? 이는 우리가 건축을 생각할 때 매번 마주칠 수밖에 없는 고민이다. 건축과 환경의 관계는 복잡하고 다양한 가능성을 띠지만, 우리는 기본적으로 다음 3가지로 구분해볼 수 있다.

첫 번째 가능성은 서로 간의 '조화'다. 건물로 결합된 새로운 형태적 ·

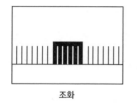 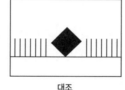 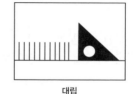

조화   대조   대립

3-14 | 환경에 대한 건물의 관계: 조화–대조–대립.

재료적 요소들을 환경이 갖고 있는 환경언어 속으로 취합하는 것이다. 그리고 두 번째 가능성은, 건물이 환경에 대해 의도적으로 어느 정도의 특수성을 갖게 되면서 대조적 관계가 형성되는 것이다. 다음 세 번째 가능성은 대립의 성격을 띠는 것으로, 즉 건물과 주변의 상황이 상대적으로 대치하며 서 있는 경우다.(3-14)

이 3가지 경우 모두가 어디에서나 가능한 것은 아니며, 또 어디에서 어떠한 것이 옳은 형태인지 쉽게 단정하기 어렵다. 환경과 조화로운 형태를 취함으로써 혼란을 피하기도 하지만, 다른 측면에서 보면 그것이 진정한 발전을 방해하기도 한다. 지붕의 형태나 색과 재료에 대한 엄격한 건축법규는 혼잡함과 이로 인한 혼란을 막고자 하는 것이지만, 더 나은 건축물을 만드는 데 장애가 되기도 한다. 또한 도시적인 환경에서는 이미 조화가 전혀 가능하지 않을 정도로 뒤섞여 있을 수 있다. 모방적 사고 속에서의 조화는 바람직하지 않다. 즉 인공적인 자연을 만들어 억지로 조화 형태의 배열관계를 만드는 것은 옳지 않다. 조화의 배열관계는 자연과 건물의 자연스러운 관계를 말하는 것이다.

루이지 스노치(Luigi Snozzi)는 다음과 같이 말했다. "우리의 처리 영역으로서 조경에 대한 이해는 인간이 문화 속에서의 자연을 확인하는 오랜 변화 과정의 순간으로 이해가 된다."[3] "예를 들어 조경 속에 하나의 건물을 첨가한다고 생각하지 말고 새로운 조경을 만든다고 생각해야 한다는 말이다. 역사적인 도시에 건물을 첨가하고 그 도시에 순응하는 것이 아니라 역사적인 도시가 공간조직에 포함되는, 다시 말하면 새로운 도시가 만들어지는 것이다."[4]

스노치는 자연을 부정하지 않았다. 그는 자연을 동등한 동반자로 취급했다. 새롭게 만들어진 것이 자연에 적합해야 하는 것은 아니다. 그러나 자연은 계획 안에 함께 있어야 하며, 자연과 함께 새로운 전체를 만들어야 하는 것이다. 자연의 일부인 인간이 스스로 자연을 포기한다 할지라도 결코 자연과 떨어져 살 수 없기 때문이다.

그러나 건축은 처음부터 자연에 대한 반항에서 출발했다. 시빌 모홀리-나기(Sibyl Moholy-Nagy)는 다음과 같이 밝혔다. "자연의 추상적인 발상 그 자체에서 자연법칙의 과학이 시작되었다. 그러나 건축은 자연의 주기적인 생존 제한으로부터, 그리고 무리의 부족한 방어 가능성에 의존하지 않으려는 인간의 의지에서 기인했다. 집단적인 발전 형태 단계에서 인위적인 담, 공간, 열, 빛, 그리고 음식 저장술의 발달이 지형에 따라 전개되었고, 자연의 형태와 기후적인 조건에 맞게 인간의 촌락이 적절하게 형성되었다는 것이 증명되었다. 그러나 자연의 컨트롤에 대해 인간이 이로운 조건을 선택할 수 있는 자유는 끝없이 존재했다."[5]

의도적으로 첨가되는 건물과 그 환경의 관계에서 있을 수 있는 두 번째 형태는 '대조'다. 첫 번째 관계인 조화와는 반대로, 건물은 환경과 대조를 이룬다. 도시에서는 주변 건물들의 의식적인 첨가로 대조관계를 보이기도 한다. 먼저 이웃 건물과의 경쟁과 모방 속에서 건물이 첨가된다. 그리고 새로운 건물이 광고 목적으로 주위 건물과 다르게 보여야 할 경우에 첨가되기도 한다. 정보이론학적으로 '다르다'는 것은 예측하지 못한 것을 의미한다.

이는 '오리지널'의 의미와 상통하는데, 오리지널이란 이전의 것을 최소한으로 포함하고 있어야 한다. 그래야 그 오리지널이 갖고 있는 메시지를 이해할 수 있다. 가령 건물이 의도적으로 환경으로부터 분리되기를 원한다 하더라도, 그리고 그 환경에 어떤 대조 관계를 형성한다 해도 건물은 그 환경의 근본적인 요소를 취해야 한다.

건물과 환경 사이 관계의 세 번째 형태는 '대립'이다. 이 관계는 대조 관계의 하위 그룹으로 간주할 수도 있다. 그러나 이것은 대립보다는 다양한 관점에서 이해해야 한다. 즉 대조가 건물과 환경이라는 2개의 비교 관점에서 이해된다면, 대립은 2개의 관계를 넘어서서 상호 간에 어떤 작용을 하는지 이해해야 한다.

원래 건물은 의도적으로 환경에 적대적인 태도를 보인다. 건물과 환경은 서로가 대화하고 있지만, 같은 의견을 갖고 있지는 않다. 앞의 3가지 관계에서도 건물이 크거나 작게 자신의 환경에 영향을 주거나, 또는 그 반대의 경우가 존재할 수 있다. 모든 사물은 전체적으로 환경과 함께 인식된다. 그 영향의 정도는 새로운 건물이 자신이 위치해 있는 환경을 두드러지게 하면 할수록 더 커진다.

첫 번째 관계인 조화에서 환경은 새로운 건물보다 더 우세하다. 즉 기존에 있는 것 아래에 새로운 건물이 배열되었기 때문에 쉽게 눈에 띄지 않는다. 두 번째 대조의 관계에서 환경과 건물은 서로 구분되어 대조를 이룬다. 여기에서 둘은 나란히 존재하며, 하나가 다른 하나를 지배하지 않는다. 세 번째 관계에서는 건물과 환경이 나란히 있지 않으며, 서로 마주 보고 있다. 이들이 서로에 미치는 영향은 두 번째 관계보다 훨씬 강하다. 이러한 경우에 새로운 건물은 자신의 환경을 지배할 수도 있다. 그리고 이러한 점이 건물을 인식하는 데서 첫 번째나 두 번째보다 더 큰 영향을 미칠 수 있다.

건물과 환경의 관계가
정원을 결정한다

건물과 환경의 관계에서 이 3가지 일반적 가능성은, 건물과 정원의 관계에서의 3가지 가능성과 비슷하다.(3-15) 중국의 정원에서는 자연과 건물이 완전한 형태로 나타난다. 정원을 포함한 환경은, 비록 건물이 환경을 강력하게 지배하지 않더라도 커다란 영향력을 갖고 있다. 영국의 정원은 자연의 자유로운 형태와 건물의 강렬한 기하학이 대조를 이루고 있다. 한편 프랑스의 정원은 대립의 형태를 띠는데, 그 환경에 반항하는 건물이 정원을 지배한다.

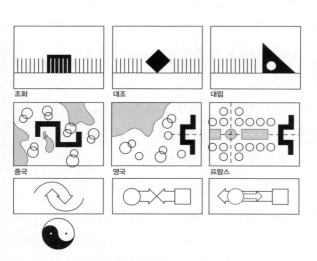

조화   대조   대립

중국   영국   프랑스

3-15 | 건물과 환경의 3가지 관계(위쪽), 건물과 정원의 관계(아래쪽).

정원의 형태는 자연·인간·신에 대한 인식구조에 의해서도 다르게 나타난다. 서양에는 자연·인간·신의 삼각관계가 존재한다. 그래서 서양은 신에 대한 존경심에 비해 자연에 대한 존경심은 적은 반면, 신과 동등한 위치에 있는 왕이 자연을 지배하려는 구조를 갖고 있다.

3-16 ｜ 〈베르사유 궁전〉 전경, 프랑스 베르사유, 1661.

그림 〔3-15〕를 보면 영국은 자연과 대조, 그리고 프랑스는 자연과 대립하는 구조를 보이고 있다. 실제로 〈베르사유 궁전(Château de Versailles)〉의 경우, 그림 〔3-15〕의 대립 상태와 같이 정원이 좌우로 배열되어 마치 신하가 도열하고 있는 듯한 모습을 형상화하고 있다.(3-16)

그러나 동양은 자연＝신, 인간의 2중 관계로 자연을 존중하는 생활습관에 따라 그림 〔3-15〕의 조화의 형태처럼 자연을 비껴가는 모습을 보인다.

도시와 아파트,
그 순기능과 역기능

도시화 수용을 위한
아파트의 등장

　　한 시대의 사회적 특성을 보여주는 것은 건축만이 아니다. 그러나 건축은 규모가 크고, 완성하는 데 오랜 시간이 걸리기 때문에 당시에 가장 적절하고 효율적인 방법이 적용되었을 것이다. 이를 유행으로 볼 수도 있지만, 유행은 생명력이 짧기 때문에 어느 정도 시간이 지나면 그 시대의 일반적인 형태로 바뀌게 된다. 이러한 특성을 잘 알고 있는 국가는 유행과 흐름을 파악한 후 권장할 내용과 통제해야 할 내용이 무엇인지 잘 판단할 수 있다. 이러한 판단 능력을 갖춘 국가는 미래에 도시문제로 인한 고민을 덜하게 된다.

산업혁명이 시작되어 농촌 사람들이 도시로 밀려오면서 국가는 이에 대한 대책을 마련해야 했다. 산업구조가 바뀌고 경제 형태가 달라지면서 각 분야의 전문가들이 자기 분야의 변화된 현상에 대처했듯이, 당시의 건축가들도 이 문제를 해결하기 위해 고민하기 시작했다. 당시 예측이 가능한 지식을 갖고 있던 전문가들은 미래의 도시 형태에 대한 준비를 할 수 있었다. 인구가 증가하고 산업구조가 바뀌면서 도시가 이에 대비하지 않으면 사회문제가 발생하고, 이 때문에 많은 비용을 치르게 될 것임을 예상한 것이다.

그래서 도시 건축가들은 도시 형태를 먼저 계획했으며, 국가는 이를 준비했다. 당시에 계획한 도시 형태가 현재 도시의 기본 구조를 이룬다. 그러나 이 당시 준비하지 못한 국가들은 현재 많은 문제로 인해 발생한 비용을 지불하고 있다.

유럽의 많은 국가들이 그렇듯 독일의 경우 대부분의 도시가 대도시 형태를 갖고 있지 않다. 이러한 도시 형태는 사회구조에 커다란 영향을 미쳤는데, 예를 들면 한 도시에 많은 인구가 밀집되는 것을 막고, 산업 형태의 세분화도 꾀할 수 있다. 그럼에도 불구하고 건축가들은 도시로 몰려드는 인구에 대한 해결책을 준비하고 있었는데, 그 대표적인 예가 르 코르뷔지에가 1922년에 제시한 〈300만 주민을 위한 현대도시〉 도시계획안이다.(3-17)

산업혁명 이후 도시에 집중된 인구 문제를 해결하려는 르 코르뷔지에의 안목은 뛰어났다. 그는 미래의 도시가 사람들로 혼잡해질 것을 예상해 인구 300만을 수용하는 도시를 위한 해결책을 내놓았는데, 이것이 바

3-17 | 르 코르뷔지에, 〈300만 주민을 위한 현대도시〉 도시계획안.

로 오늘날 아파트의 원형이라 할 수 있다. 지금도 인구 300만의 도시는 결코 작은 규모가 아니다. 지금과 비교해도 대규모에 해당한다. 그는 도시로 몰려드는 인구로 인해 1인당 차지하는 면적이 좁아지고, 그에 따라서 녹지·도로·주거지역이 줄어들 것으로 예상했다. 그래서 단위면적의 활용도를 높이고 지상을 녹지로 사용할 것을 제안했으며, 단지를 위한 주차장과 조경도 제시했다. 그가 '건축의 대가'라는 칭호를 받는 이유가 바로 여기에 있다.

아파트는 재산증식의 수단인가?

우리나라는 르 코르뷔지에의 도시계획안이 발표된 후 30년이 흐른 1958년, 처음으로 미국 자본과 독일 설계를 바탕으로 중앙산업에서 건설한 아파트가 서울 종암동에 들어섰다.(3-18) 단독주거에 익숙했던 우리나라 국민이나 정부에게 이는 획기적인 일이었다. 논밭과 판잣집으로 즐비했던 종암동에 고급스러운 아파트가 들어선 것과 수세식 화장실이 집 안에 자리 잡았다는 것은 가히 혁명적인 사건이었다.

아파트의 등장은 주거 문제에 대한 해결책으로서는 주목할 만한 일이었지만, 아파트는 우리의 전통적 생활방식에 적합한 양식이 아니었다.

낮은 키의 담장으로 둘러쳐진 마당이 있고 사방이 열려 있는 주거 형태와는 너무나도 다른 구조였기 때문이다. 그러나 생활하기에 편한 아파트는 이후 화장실과 설비가 불편했던 우리의 전통주택에 대한 해결책으로서 급속도로 전국으로 퍼져나갔다.

3-18 | 〈종암동 아파트〉, 서울 종암동, 1958.

　지금 우리의 아파트는 하루가 다르게 변화하고 있다. 우리의 아파트 단지는 한국의 사회적 특성을 표현하는 하나의 이미지를 형성할 정도가 되었다. 반면 서양의 아파트는 빈민층 지원을 위한 특수한 이유로 시작되었다. 사회보장제도의 일환으로서 정부가 다수의 아파트를 구입해 낮은 가격으로 지원해주는 것이 그 취지였다. 그러나 한국의 경우 국토가 좁아서 대지의 활용도를 높이기 위해 아파트를 건설하게 되었다.

　인구밀도가 높은 나라들이 다 그렇듯이 우리나라에서도 부동산의 가치는 남다르다. 그래서 아파트가 재산증식의 수단으로 이용되면서 서양에서와 같이 국가가 초기에 시작한 서민아파트 제공이라는 취지는 무색해지고 있다. 현재는 도시 전체에 걸쳐 투자 용도의 아파트가 자리 잡으면서 도시계획과 도시의 경관 조성에 차질을 빚고 있는 실정이다.

르 코르뷔지에는 왜 도시계획안을 만들었을까?

산업혁명 이후 농촌 인구가 도시로 이동하면서 농촌의 인구는 급격
하게 감소하는 반면 도시의 인구는 급속도로 팽창하기 시작했다. 그
러나 도시의 규모는 이 인구밀집에 비례해 발달하지 못했고, 곧 새로
운 도시문제로 대두되었다. 당시 여러 가지 도시계획안이 나왔지만
빠른 속도로 도시에 유입되는 인구로 인한 문제를 해결할 수는 없었
다. 그래서 르 코르뷔지에는 이에 대한 대안으로 〈300만 주민을 위
한 현대도시〉 도시 계획안을 발표했다.

이 계획안은 중앙부에 각각 1만 명에서 5만 명의 근무자를 수용하는
24개의 고층빌딩을 십자 모양으로 배치했다. 고층건물들은 직사각

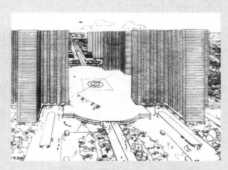

형의 넓은 녹지로 둘
러싸여 있다. 한가운
데에는 거대한 교통
의 중심지로서 각각
의 층에 철도역과 버
스터미널, 고속도로
교차로가 위치하며,
맨 위에는 공항이 조

3-19 | 〈300만 주민을 위한 현대도시〉 도시계획안 상세
도.

성되어 있다. 직사각형의 대지로 둘러싸인 주택은 60만 명의 거주자
를, 정원도시는 250만 명의 거주자를 수용할 수 있게 구성되었다.

르 코르뷔지에는 이러한 도시계획안을 지속적으로 발전시켜 1935
년 『빛나는 도시(*La Ville radieuse*)』라는 제목으로 출판했다.

건축과 도시는
항상 미래를 준비한다

산업의 최전방 역할을 하는
고층건물

　　　　　수공업이 주를 이루던 시대에는 재고라는 개념이 없었다. 그래서 재고를 처리하기 위한 건축물의 필요성도 존재하지 않았다. 그러나 산업화가 진행되면서 다양한 건축물이 지어지기 시작했다. 이것이 바로 도시를 형성하는 건축물의 등장 배경이었다.

　선진국의 대도시와 개발도상국의 대도시를 비교해보면, 도로의 포장 상태와 고층건물의 분포도에 큰 차이를 보이는 것을 알 수 있다. 이는 그

나라의 경제력 때문이라기보다는 그러한 건축물의 필요성에 따른 결과라고 보면 된다. 개발도상국에 고층빌딩이 많이 존재하지 않는 이유는 그 건물을 수요할 만한 경제구조가 아직 갖춰지지 않았기 때문이다.

대도시의 고층건물들(마천루, Skyscraper)은 산업의 최전방 역할을 한다.(3-20) 고층 사무실 건물 안에서 고객을 만나고, 회사를 홍보한다. 그리고 고층건물은 회사의 이미지를 나타내는 상징으로 존재하기도 한다. 경제가 활성화되지 않은 나라일수록 영업의 중요도가 낮고, 생산 분야가 좀 더 활성화되어 있어 공장과 같은 생산시설에 더 투자한다.

그러나 경제가 안정되고 번창할수록 영업의 중요성이 커지기 때문에 이를 담당하는 대도시의 사무실 건물들이 증가한다.(3-21) 그리고 이에 부응해 더 확대되는 건물이 바로 백화점 같은 곳이다. 고층 사무실 건물이 생산과 영업의 중간 부분에서 허리 역할을 맡는다면, 소비자와 직접적으로 만나는 장소는 바로 백화점이다. 그러므로 고층건물이 많다는 것은 곧 그 나라의 경제활동이 활발하다는 증거라고 할 수 있다.

도시는 다른 지역과 달리 매우 역동적인 곳이다. 도시는 몸의 심장처럼 외부 요소를 받아들여 내부로 보내고, 내부 요소를 외부로 내보내는 역할을 한다. 이러한 역동성은 시설투자로 이어지는데, 선진화될수록 시설투자가 많아지는 이유가 바로 여기에 있다. 선진국 국민은 경제적인 부보다도 생활수준의 고급화를 추구한다. 곧 기본적인 삶의 질이 높

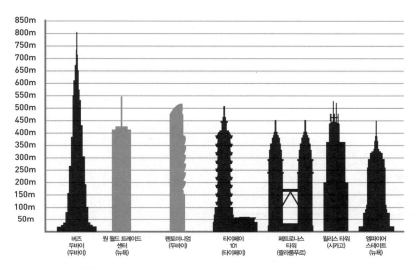

850m
800m
750m
700m
650m
600m
550m
500m
450m
400m
350m
300m
250m
200m
150m
100m
50m

버즈
두바이
(두바이)

원 월드 트레이드
센터
(뉴욕)

펜토미니엄
(두바이)

타이페이
101
(타이페이)

페트로나스
타워
(쿠알라룸푸르)

윌리스 타워
(시카고)

엠파이어
스테이트
(뉴욕)

3-21 | 전 세계 고층빌딩 높이.

아지기를 원하는 것이다. 물론 의식주가 안정되어 있지 않으면 삶의 질
을 높이려는 의지가 약해지기 때문에, 기본적인 인프라가 사회 밑바탕
에 깔려 있어야 한다.

그래서 사람들은 국가에 많은 세금을 납부하면서 더 나은 삶의 질을
실현할 수 있는 사회구조를 요구한다. 질병으로부터의 보호를 요구함으
로써 보험의 종류가 다양해지고, 이로 인해 병원의 숫자가 증가한다. 따
라서 도시에는 병원이 늘어나고, 국민들은 이를 통해 질병으로부터 자
유로워지며, 그로 인해 노령화 사회로 점차 바뀌어가는 것이다.

도시는 점차 사회 구성원들을 위한 편리한 시스템을 갖춰가는데, 가
장 먼저 눈에 띄는 것이 바로 도로의 포장이다. 도로의 포장은 곧 도시의
정비를 의미한다. 포장된 도로가 많다는 것은 도시가 규격화되고 청결
해지고 있다는 증거다. 이는 도로에서 발생하는 먼지의 양을 줄이고, 자
동차로부터 사람의 안전을 보호해준다. 그러나 한편으로는 대지의 흙을

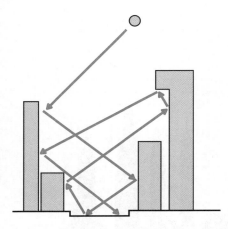

인간으로부터 격리시키고, 도시를 아스팔트와 콘크리트 포장으로 덮어버린다. 긍정적인 부분이 많은 반면 부정적인 요소도 발생하므로 어떤 재료로 도로를 포장하는가는 매우 중요한 문제다.

아스팔트와 콘크리트로 포장된 도시는 흙으로 뒤덮인 곳보다 더 많은 반사열을 유발해 온도를 높이는 결과를 가져온다.(3-22) 이는 장마 때 물이

3-22 | 도시의 고층건물로 인해 열이 머물러 도시가 더워지는 것을 나타낸 그림.

지면에 스며들지 못하고 모두 하수구로 유입되면서 발생하는 문제보다 더 심각하다. 우리나라의 경우 장마는 시기가 한정되어 있지만, 포장된 도로에서 발생하는 복사열은 여름 내내 도시의 문제가 된다. 또한 이는 세계적인 문제이기도 하다.

복사열이 도시를 빠져나가지 못하거나 건물 안으로 유입되면 도시의 온도를 상승시키고 건물 온도를 높이기 때문에 에너지 소비도 크게 증가한다. 이로 인해 에너지 문제가 심각한 사회문제로 대두되었다. 초기에는 모든 국가가 이 문제를 제대로 인식하지 못했다. 그러나 이제는 사회문제로 대두되어 인류의 미래를 위협하는 요인이 되었다. 도시는 사람들의 필요에 의해 발생하고 변화하지만, 이제는 건축물이 에너지 소비원의 가장 큰 주범으로 인식되면서 국가에게 점차 부담스러운 존재가 되기 시작했다. 대도시일수록 그 파장은 심한데, 도시의 규모가 크면 클수록 더 많은 복사열을 발생시키기 때문이다.

이 문제에 대한 해결책으로 나온 것 중의 하나가 옥상정원이다. 르 코

3-23, 3-24 | 옥상정원.

르뷔지에가 평지붕을 만들 당시, 하늘에서 보면 건축물의 대부분은 콘크리트 포장도로와 별다르지 않았다. 그는 옥상에 정원을 만들어 건축물에 의해 점령된 토양을 자연에 돌려줌으로써 복사열을 감소시키려 했다. 이 옥상정원이 단열재 기능을 하면서 에너지 소비를 막는 역할을 하리라 판단한 것이다.(3-23, 3-24) 르 코르뷔지에는 토양이 열을 흡수하던 시대와 다르게 복사열이 기후변화를 일으키는 등 큰 문제가 되리라는 사실을 알고 있었다. 이 방법은 꽤 효과적이었으므로, 그 후 많은 선진국에서 르 코르뷔지에의 해결책을 적극적으로 활용했다.

과거, 현재, 그리고 미래를 품은 도시

도시를 구성하고 만들어가는 주체는 사람이다. 그러나 도시의 형태를 구성하는 것은 건축물이다. 그런데 도시의 형태만을 생각하고 건축물을 만드는 것은 바람직하지 않다. 도시는 과거, 현재, 그리고 미래를 품고 있어야 한다.

유럽과 일본은 숱한 전쟁을 치렀음에도 불구하고 과거의 건축물을 많이 보존하여 역사가 주는 교훈을 간직하려고 노력한다. 이는 정서적으로나 교육적으로 매우 유익한 일이다. 특히 유럽은 과거의 건축물을 유지하는 데 많은 경비가 들어가므로 이를 위해 자체적인 복권을 만들어 운영하는 경우가 많다. 이것이 바로 복권의 시발점이다. 우리나라는 복권 판매를 소외계층을 돕는 데 그 목적을 두지만, 사실은 이렇게 과거를 미래로 끌고 가기 위한 독립적인 행위에서 시작되었다.

이렇듯 과거의 건축물이 많이 남아 있는 도시에서 사람들은 더 안정과 휴식을 얻는다. 이는 사회적으로 매우 유익한 일이다. 현대적인 건축물만 있는 도시는 그렇지 않은 도시보다 범죄율이 높고, 개인주의적 성향도 강하다.[6]

한 도시나 국가가 현재 어떤 영역 또는 분야에 중점적으로 투자하는지는 건축물을 보면 쉽게 파악할 수 있다. 옛날에는 학생 수에 비해 초·중·고등학교의 수가 턱없이 부족했다. 대부분의 학교들이 3부제를 운영할 정도였지만, 지금은 그런 학교를 찾아보기 힘들다. 학교도 많이 생기고, 학교 건물의 질도 높아졌다. 이를 통해 교육 수준을 높이려는 국가의 의지를 읽을 수 있다. 과거에는 단순히 교실이 필요해서 건물을 지었다. 그러나 지금은 기능에 따라서 건물이 지어지고, 다양한 활동을 할 수 있는 공간들이 늘어났음을 알 수 있다.

여전히 아파트가 주요 주거 형태지만, 이제 점차 관심도가 전원주택으로 이동하고 있다. 초기의 전원주택은 진정한 전원에 지어진 주택으로 은퇴자나 귀농하는 사람들이 사용하던 주거 형태였다. 그러나 아파트의 전성기에, 아파트를 선호한 이유 중 하나인 설비나 관리에 대한 문제가 다른 건축물에서도 해결되면서 양상이 달라지기 시작했다. 많은 가구들이 도시 내 전원주택형 아파트에 집합을 이루어 살거나, 아니면 도시에서 멀지 않은 곳에 군락을 이루어 전원마을을 형성하면서 새로운 형태

3-25 │ 남해 전원마을. 같은 직종의 사람들이 모여 산
다.

3-26 │ 전원마을의 한 형태. 투자를 하여 공동구매 방식으로
마을을 형성한다.

를 만들어갔다.(3-25)

사실 이러한 현상은 외국에서 귀화한 사람들로부터 시작되었다. 이들
은 대부분 일선에서 물러난 후 자국을 떠나 연고가 있는 나라에 터를 잡
으려고 계획한 은퇴자들로서, 도심에서 살아야 할 필요가 없기 때문에
공기 좋고 경치 좋은 곳을 선택한 사람들이었다. 그러나 이들에게도 사
회적인 교제는 필요했다. 이러한 이유로 도심을 떠나서도 다른 사람과
의 사회활동을 유지하기 위해 동일한 목적을 가진 사람들끼리 군락을
이루어 살기 시작한 것이다. 이러한 현상이 이후 내국인에게도 좋은 이
미지로 작용해 전원마을을 형성했다. 그러나 내국인의 대부분은 은퇴자
가 아니고, 프리랜서나 직장을 가진 사람들이 다수이기에 도심 근처에
이러한 군락을 형성한 것이다.(3-26)

이러한 주거 형태의 변화에는 IT도 중요한 역할을 했다. 사회 구성원
의 직접적인 교제를 통해 작업이 이루어지던 과거에 비해 지금은 인터
넷으로 모든 것을 해결할 수 있게 되었으며, 화상통화의 가능성으로 회
사라는 공간이 꼭 필요하지 않게 되었다. 이러한 IT 현상은 사회 전 분
야에 영향을 주어 사회 자체를 변화시키고 있다. 이것이 현대사회의 특
징이며, 그 기점을 근대로 볼 수 있다. 근대 이전의 사회 변화는 '슬로
(slow)'였다. 여기서 '슬로'라 함은 근대를 기점으로 한 속도의 측정을 말

한다. 근대 이전에는 사회 변화의 단위가 100년 이상 또는 500년이어도 큰 변화가 없던 시기였다. 그러나 근대라는 시기를 거치면서 사회 변화의 속도는 급속도로 빨라지기 시작했다.

물론 모든 분야가 그렇게 변화의 속도를 바꾼 것은 아니었다. 그럼에도 IT의 등장은 거의 모든 영역에 걸쳐서 변화를 이끌었다. 이 변화는 과거처럼 한 분야만을 개척하고 발달하는 것이 아니라, 사라지느냐 남느냐의 선택만 남은 새로운 분야를 만들어내고 있다. 특히 스마트한 분야가 아니면 살아남지 못하는 상황이 되었는데 이런 현상은 건축에서도 나타나고 있다.

또한 스마트폰의 발달과 보조를 맞추어 건축물도 지능적으로 만들어지고 있다. 사실 이러한 시도는 예전부터 존재했다. 다만 이에 대한 수요와 기술의 뒷받침 등 사회적인 조건이 조성되지 않았던 것이다. 이제 기술의 발달은 상상을 앞질러가기 시작했다. 추상적인 경계가 확실히 무너진 시대에 사회는 이제 유사한 지구촌을 만들어가고 있다. 이는 건축에서 국제양식이 처음 등장하던 시기와 동일하다. 고유 형태와 아르누보처럼 그 시대의 주류였던 형태들은 이제 선택사항이 되었고, 국제양식이 지구상에 등장하게 되었다.

이는 국가적 · 지역적 스타일이 만연하던 시대가 끝나고, 지구촌 시대가 열렸음을 의미한다. 이 시기부터 달라진 점이 있다면 바로 형태와 기술의 분리다. 국제양식이 등장하기 전 모든 기준은 형태였다. 그러다가 산업혁명이 시작되고 기술이 건축에서 중요한 영역으로 자리 잡으면서 엔지니어라는 파트가 또 하나의 건축가로 등장하게 되었다. 국제양식이 등장했던 시기에는 형태가 우세했지만, 세월이 많이 지난 지금은 양상이 달라져서 경제적인 부분이 중요한 요소로 자리 잡게 되었다.

따라서 앞으로 모든 건축물의 평가순위에서는 기술이 뒷받침된 IQ 높은 건축물이 사회적으로 우선순위를 차지하게 될 것이다. 이는 건축물이 정적인 요소에서 동적인 요소로 바뀌게 되었음을 의미한다. 이를 뒷받침할 수 있는 방법이 바로 IT의 도입이고, 이는 건축물이 하나의 기계처럼 취급됨을 암시하는 것이다. 그래서 이미 오래전 르 코르뷔지에가 건축물을 기계라고 생각했는지도 모른다.

과학에 바탕을 둔 건축,
미래를 준비하는 첨단과학

——건축은 과학과 긴밀한 연관성을 갖고 있다. 건축이 과학에 영향을 준 부분도 있지만 과학에서 받은 영향이 더 크다. 건축이 과학에 의존하는 이유는 에너지를 소비하는 영역이 큰 부분을 차지하기 때문이다. 예를 들면 과거에는 산업구조가 지극히 단순했기 때문에 에너지 소비원으로의 건축, 곧 공간이 차지하는 부분은 아주 미미했다. 그러나 산업혁명 이후 공간이 더욱더 세분화되고 토지 활용도에 비해 그 밀도가 높아지면서 에너지 소비원이 큰 비중을 차지하게 되었다. 그래서 건축의 에너지 소비 문제가 사회문제로 대두되었다. 또한 과학의 발전 속도가 너무 빠르기 때문에 에너지 소비 문제의 해결은 건축만의 단독적인 영역으로는 불가능했다. 이것이 바로 건축이 과학의 도움을 빌릴 수밖에 없는 이유다.

특히 IT의 발달은 건축물에 지능을 더해주는 스마트한 건축을 탄생시켰다. 컴퓨터 프로그램을 사용해 원거리 관리가 가능해지고, 건축물 자체가 스스로를 관리하는 시스템을 만들어감으로써 건축의 발달에 큰 변화를 가져왔다. 그러나 한편 IT의 비중이 점차 확대됨에 따라 건축에서 인간의 감성이 사라지는 문제점 또한 야기되었다. 따라서 인간을 담는 공간으로서의 건축의 의미를 기억하는 것이 미래 스마트 건축의 과제라 할 수 있다.

과학적 원리가
담긴 건축구조

과학의 집합체로서의 건축

　　　　　　1960년대 오일 파동이 일어나기 전 건축물은 그저 외부와 내부를 구분해주는 기능을 하는 존재로 표현되거나 부와 권력으로 상징되었을 뿐 사회적 문제로 크게 대두되지 않았다. 그 이유는 당시에는 건물을 단열시키는 데 드는 비용보다 오히려 단열재가 더 비쌌기 때문이었다. 물론 근대건축이 발달할 수 있었던 근저에 기술의 발달이 있었던 것은 사실이다. 석조가 주를 이루었던 시대가 막을 내릴 때도 새

4-1 | 구조의 변화를 보여준 고딕 건축. 〈라 트리 니테 성당〉, 프랑스 방돔, 1350.

4-2 | 로마네스크 건축. 〈마리아 라흐 수도원(Maria Laach)〉, 독 일, 1093.

로운 형태에 대한 사회적 욕구는 그전부터 끊임없이 존재했다. 그렇지 만 사람들은 새로운 재료가 새로운 기술을 요구한다는 것을 알고 있었 다. 시민혁명과 산업혁명이 18세기에 시작된 것은 결코 우연이 아니었 다. 기존의 기술로는 새로운 시대를 열어나갈 수가 없었다.

이렇듯 근대를 열었던 계기는 바로 기술이며, 과학이었다. 당시의 키 워드는 '기계'였다. 기계는 그 시대의 혁명이었으며, 첨단을 의미하는 단 어였다. 건축도 이와 함께 발달하고, 과학은 이를 뒷받침하게 되었다.

건축물은 사실상 과학의 집합체다. 두꺼운 벽이 사라지고 건물은 더 높이 올라가려 했으며, 내부와 외부의 단절도 시각적으로는 구별되지 않았지만 영역적으로는 완벽해야 했다. 오일 파동 이후 건축은 사회문 제화되지 않으려고 부단히 노력했다. 특히 에너지 소비의 원흉이라는 비난에서 벗어나려고 안간힘을 썼다. 사회는 건축에 더 많은 것을 요구 하고, 건축가는 과거에 받았던 기대 이상으로 많은 것을 소화해야 하는 부담을 갖게 되었다. 과거에는 건축설계자가 대부분의 공정을 맡아서

4-3 | 로마네스크 건축 건물의 내부.　4-4 | 고딕 건축 건물의 내부.

했지만, 지금은 건축물 하나를 완성하기 위해 여러 분야가 힘을 모아야 하는 시대가 되었다.

건축에서 가장 중요한 것 중의 하나가 안전이다. 그리고 안전을 확보하기 위해서 설계 시 고려해야 하는 것이 구조다. 근대건축에서 괄목할 만한 특성 중의 하나는 바로 구조의 자유다. 근대 이전의 건축물이 다양하지 못했던 이유는 구조에서 자유롭지 못했기 때문이었다.

물론 과거에 이를 시도했던 적이 있었다. 바로 고딕이다.(4-1) 풍부한 벽체 구조를 갖고 있었던 로마네스크가 고딕 전문가들에게는 둔해 보였던 것이다.(4-2) 고딕 시대의 건축가들은 이전 시대의 건축물에 다이어트를 시키기로 결정했다. 중세 귀족 부인처럼 넉넉하고 풍요로운 모습을 최고의 미로 여겼던 시대에는 건축물 또한 여유로운 형태를 갖추고 있었지만, 고딕 건축가들에게는 이 형태가 기능적으로 불충분해 보였다.

그림 [4-3]은 로마네스크 공간이고, [4-4]는 고딕의 내부다. 고딕 건축가들은 벽을 얇게 하고, 가능한 한 뼈대로만 구성하려고 노력했다.(4-3, 4-4) 마치 미술가처럼 빈 평면의 존재를 인정하지 않았다. 이는 대단한 시도였고, 건축에서는 첨단과학이었다. 하중의 흐름을 시각적으로 보여주는 형태였기 때문이다.(4-5) 이는 이 시대에 많은 건축물이 파괴되면서 얻은 결과였다. 후에 이 고딕 건물은 뼈대 구조를 만드는 데 커다란 영향을 주었지만, 앙상한 형태를 이루는 첨단기술에 적응하지 못하

고 하나의 실험적인 시
도를 남긴 채 새로운 시
대인 르네상스를 맞이하
게 되었다.

르네상스는 이후 많은
실험적 발전을 실천하면
서 현대과학의 발판을
다졌다. 르네상스의 등

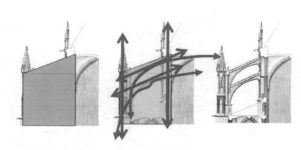

4-5 | 플라잉 버트레스, 고딕 건축물의 하중에 따른 구조 변경.

장으로 뼈대만 앙상한 고딕은 다른 어떤 사조보다 비참하게 어둠 속으
로 사라졌다. 그러나 후에 많은 인물들, 특히 괴테가 고딕 양식을 극찬하
면서부터 고딕은 세상에 재등장하게 되었다.

뉴타임 시대(르네상스, 매너리즘, 바로크)에는 사실상 다른 여러 분야가 과
학적으로 진일보한 반면, 건축은 오히려 이론상 퇴보했다. 르네상스는
'다시(re) 만든다(naissance)'는 말 그대로 새로운 창조라기보다는 재생의
의미로 출발했고, 그 바탕에는 고대의 신인동형 사상이 있었다. 이전 시
대를 "흉측하고 혐오스럽다"(고딕의 뜻)고 표현한 르네상스 사람들은 다
시 두꺼운 벽과 반복적인 표현으로 기능 위주의 방법보다는 형태 위주의
방법을 택했다. 이것이 근대에 들어서면서 대립적인 요소가 된 것이다.

재료의 변화에서 온 근대건축

근대는 먼저 기술을 우선시함으로써 재료에 대한
변화를 꾀했다. 이것이 근대가 과거를 부정하는 방법이었다. 그래서 이

4-6 | 〈세고비아의 수로(Aqueduct of Segovia)〉, 스페인 세고비아, 98.

시대는 예술가보다 엔지니어가 더 주목을 받은 시기였다. 새로운 방법을 적용 실행하는 기술자의 도움 없이는 작업을 전개할 수가 없었다. 많은 인원 동원과 위험을 감수하며 건설했던 교량도 기술의 발달로 인해 아름답게 만들면서도 하중을 줄일 수 있었고, 기간을 단축하면서 쉽게 만들 수 있는 방법을 찾게 된 것이다.(4-6, 4-7)

기술의 발달은 단지 교량 건설에만 그치지 않고 하중을 계산하는 역학(力學)의 발달과 함께 다른 분야에도 영향을 줌으로써 동반 발달을 꾀했다. 더욱이 이러한 자신감은 고대부터 이어져온, 더 넓은 공간을 갖고 싶어했던 인간의 욕구를 만족시켜주었다. 트러스 구조를 발견하지 못했다면 인간은 커다란 공간을 소유하지 못했을 것이다.(4-8)

1900년대 초 서양은 사회적으로 급변하는 상황을 맞이했다. 특히 시

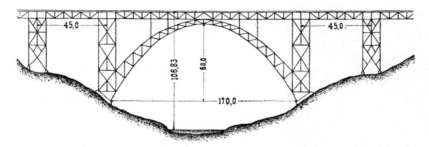

4-7 | 〈뮝슈테너 다리(Müngstener Brücke)〉, 독일 부퍼탈, 1891.

민혁명이 성공하고 산업혁명까지 경험하면서 사회구조는 급속도로 변했고, 새로운 사회는 새로운 것을 요구하기 시작했다. 생활과 사고의 범위가 넓어진 사회는 새로운 시스템을 여과할 수 있는 여유가 없었다. 그러나 새로운 시스템이 필요하다는 것은 누구나 알고 있었기 때문에 많은 이론들이 우후죽순처럼 쏟아져 나왔다. 이 시대를 우리는 근대라고 부른다.

특히 기능과 형태가 분리되던 시대에서 근대로 넘어가면서 이 2개의 통합은 매우 절실한 과제가 되었는데, 이를 연결한 것이 바로 기술이었다. 실제로 이러한 현상을 잘 보여준 것이 아르누보다. 석재와 목재 같은 단순한 건축재료만 성행하던 시대를 뒤로하고, 철과 유리가 주축이 되는 근대라는 시대가 등장한 것이다. 이 재료들이 기능과 형태를 연결해주었고, 이 부분에서 기술이 중요한 역할을 했다. 즉 근대는 과학적인 지식을 바탕으로 하는 엔지니어가 전면에 등장하는 시기였다.

4-8 | 트러스 구조물.

4-9 | 오르타. 〈오르타 박물관〉으로 지정된 4채 중의 하나인 오르타 저택의 내부. 벨기에 브뤼셀. 원래 이 건물은 오르타가 1898년부터 1901년까지 건축해 생전에 작업실 겸 주거지로 썼던 공간으로, 아르누보 양식이 가장 잘 구현된 건축으로 유명하다.

그림 [4-9]는 근대에 지대한 영향을 미쳤던 아르누보를 표현으로 것으로, 이를 가능하게 한 것은 바로 철이다.(4-9) 과거에도 다양한 형태가 표현되었지만, 재료의 한계 때문에 상상을 현실화하는 데 어려움을 겪다가 마침내 사장되었다. 그런데 근대는 새로운 재료를 도입함으로써 여러 분야에서 가능성을 보여주었다. 철을 건축재료로 사용한 것은 과거에 있을 수 없던 일로서, 기능과 미를 한번에 얻은 좋은 예라 할 수 있다. 근대 이전에는 직선만을 형태로 간주했지만, 아르누보 예술가들은 생명력 있는 형태는 곡선과 곡면이라는 이론을 내걸고 이를 적극적으로 표현하려 했다. 그리고 이에 적합한 재료가 주물(鑄物)이 가능한 철이었다.

건축물은 인간을 위한 종합적인 행위다. 그래서 건축가들은 쾌적한 환경을 만들기 위해, 상상 속의 형태를 현실화하기 위해, 첨단과학을 건축에 접목시키려 끝없이 노력하고 있다.

건축 속에는 열의
비밀이 숨겨져 있다

열에너지를 관리하는 벽의 역할

옛날에 벽을 기준 이상으로 두껍게 만든 이유는 여러 가지가 있다. 가장 먼저 구조적인 안전을 꾀하기 위함이었고, 두꺼운 벽을 통해 외부와 내부를 좀 더 효율적으로 차단하기 위해서였다. 그러나 구조적인 기술이 발달하면서 벽 두께가 얇아지자 내부와 외부의 차단이 시급해졌다. 물론 벽 두께를 다시 두껍게 할 수도 있었다. 그러나 과거보다 높은 건물을 지으려는 욕망 때문에, 벽을 두껍게 할 경우 오히

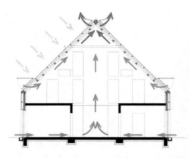

4-10 | 찬 공기와 더운 공기의 특성을 이용한 환기 시스템.

4-11 | 여름과 겨울에 적절한 내부 온도를 유지해주는 건물.

려 공간의 손실이 많아지고 위로 올라갈수록 하중에 대한 부담이 커졌다. 이렇듯 벽 두께가 얇아지면서 새로운 설비에 대한 기대감이 증폭되었고, 쾌적한 내부를 유지하기 위한 설비의 발달은 급속도로 빨라졌다.

특히 냉난방기술은 에너지와 자연 문제의 해결책으로 인식되어 국가적 차원에서 집중 투자를 할 만큼 첨단을 향해 달리기 시작했다.(4-10, 4-11) 과거에는 주로 목재와 석탄을 난방재료로 사용했는데, 그 결과 산림이 엄청나게 훼손되고, 매연 문제가 크게 대두되었다. 이에 대체 에너지로 석유가 사용되었지만, 석유가 점차 고갈되고 또 친환경적이지도 못하므로 새로운 해결책이 요구되었다. 그래서 등장한 것이 바로 태양에너지 개발이다.

태양에너지는 공해가 없고 그 공급원이 무한대여서 보급이 빠르게 진행되었다.(4-12, 4-13) 태양에너지가 건축에 도입되면서 다른 분야에도 영향을 주어, 전기가 공급되지 않는 지역과 가로등에도 사용되기 시작했다. 더욱이 자동차에도 이 시스템을 도입해 가솔린이 아닌 전기로 달리는 자동차가 이미 상용 단계에 있기도 하다. 이처럼 과학기술의 발달은 각 분야에 영향을 주었고, 현대에는 그 연관성이 과거 어느 때보다 훨씬 빠르고 깊어지고 있다.

4-12 │ 태양에너지 시스템.

4-13 │ 태양에너지를 이용한 초가.

　사실 건축에서 가장 진전을 보이는 첨단기술은 에너지에 집중되어 있다. 세계가 직면한 문제로 에너지에 대한 해결책이 시급한 상황에서 건축은 많은 에너지를 소비하는 영역으로 인식되고 있다. 특히 겨울과 여름의 냉난방 문제는 심각한 상황에까지 와 있다. 유럽의 경우 아직 과거의 건물들이 존재하고 있으므로 냉난방을 자체적으로 해결하고 있지만 이상기온이 극심해지면서 전 세계가 에너지 문제에 민감한 반응을 보이고 있다. 과거에는 벽 두께를 충분히 확보해 내·외부의 차단을 유지할 수 있었지만, 오늘날에는 벽 두께가 얇아져 대부분을 설비로 해결하고 있기 때문에 그 설비가 에너지 소비의 주원인이 되고 있는 것이다.

자연에서 에너지원을 찾는 건축

　　　　에너지 소비를 줄이는 방법은 바로 내부의 온도 변화를 줄이는 것이다. 이 문제를 해결하기 위해 동원되는 가장 흔한 방법이 단열재 설치다. 단열재는 안쪽과 바깥쪽의 물질을 분리하는 역할을 한다. 과거에는 단열재에 관련된 기술이 발달하지 않아 스티로폼이나

4-14 | 단열재를 붙이는 모습.

4-15 | 껍질 안쪽에 단열재 역할을 하는 물질을 가진 과일들.

4-16 | 에너지 보존 원리를 활용한 우주복.

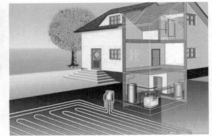

4-17 | 지열을 이용하는 시스템.

유리섬유 같은 두꺼운 재료를 주로 사용했으나, 건강에도 좋지 않고 벽 자체가 두꺼워져 지금은 얇은 재료를 많이 사용하고 있다.(4-14)

이러한 개발은 건축 자체에만 머무르지 않고 다른 분야에서 영향을 받거나 거꾸로 도움을 주기도 한다. 물론 개발 아이디어는 거의 대부분 자연에서 얻는다. 북극곰이나 과일이 내부와 외부의 두 영역 사이를 차단시켜 내부를 보호한다는 사실을 알게 된 사람들이 그에 대한 지식을 얻고 이를 활용한 것이다. 특히 과일 껍질에는 내부를 보호하기 위해 껍질과 내용물 사이에 다른 물질이 들어 있다. 이 물질이 단열 역할을 하는데, 이는 상당히 발달된 기술이다.(4-15) 이것이 열을 보호하는 보온병이

나 심지어는 우주복의 기능에까지 활용된 것으로, 단순해 보이지만 첨단기술임을 알 수 있다.(4-16)

단열재는 옷으로 본다면 내복에 해당한다. 이 내복 같은 단열재가 존재하지 않는다면 여름에는 덥고 겨울에는 추울 것이다. 게다가 내부에 습기가 생겨 곰팡이가 피기도 한다. 이와 같은 단열재는 많은 변화 과정을 거치면서 지금은 그림 〔4-14〕와 같이 얇아지고, 시공도 간편해졌다.

이와 같이 인위적으로 에너지를 만들어 사용하기도 하지만, 자연에서 얻을 수 있는 에너지원을 활용하는 것도 건축에서 활용되는 첨단과학의 한 부분이다. 예를 들면 지열·물·태양열이 그렇다.(4-17) 이러한 에너지원은 인위적인 연료를 사용하지 않는 자체적인 해결책으로서 우리는 이를 '제로에너지', 또는 '패시브 하우스(passive house)'라고 부른다.

> **패시브 하우스**
> 인위적인 화석연료의 사용을 최대한 억제하는 대신 태양광이나 지열 등 재생 가능한 자연 에너지를 이용하고, 첨단 단열공법 등을 통해 열손실을 줄임으로써 에너지 낭비를 최소화한 건축물이다.

땅이 갖고 있는 열을 에너지로 저장해 이를 건물 안에 사용하는 것은 이미 선진국에서는 일반적인 시스템으로 자리 잡고 있다. 이러한 시스템을 가능하게 하는 것이 바로 과학이다. 빗물을 탱크 또는 연못에 저장했다가 화장실에 쓰거나 그와 유사한 용도로 사용함으로써 물을 절약하는 방법도 건축에서 이용한 지 오래되었다.

이러한 기능을 갖추기까지 건축에서는 과학이 이를 뒷받침해주기를 기다리거나, 때로는 과학에 이러한 아이디어를 제공함으로써 이를 기술적으로 가능하게 하는 등 서로 협조했다. 심지어 태양열 이용은 그 어떤 기술보다 고도의 기술이 필요한데도 이미 상용화된 지 오래다. 독일의 태양열에너지 도시 프라이부르크에 있는 〈헬리오트롭(Heliotrope)〉이라

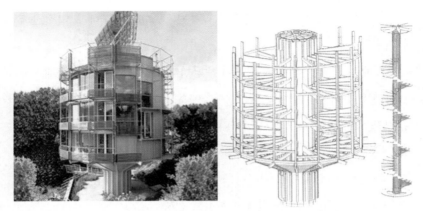

4-18 | 디쉬(Rolf Disch), 〈헬리오트롭〉, 독일 프라이부르크,   4-19 | 〈헬리오트롭〉의 회전 시스템.
1994.

는 건물은 태양열을 이용할 때 드러나는 단점을 극복한 것으로 유명하다. 태양의 움직임으로 인한 문제를 해결하기 위해 건물이 태양을 따라 회전하는 기술까지 접목한 놀라운 방법을 선보인 것이다.(4-18, 4-19)

유리, 건축에서
벽을 사라지게 하다

유리를 선택한 현대건축

현대의 도시 건물들은 과거보다 유리를 많이 사용하고 있다. 특히 고층건물일수록 벽면이 유리로 덮여 있다. 이를 건축에서는 '커튼월', 또는 '글라스 타워'라고 부른다.(4-20) 고층빌딩의 벽면에 유리를 사용하는 가장 큰 이유는 하중에 대한 부담을 줄이기 위해서다. 그러나 단순히 그러한 이유에서 유리를 선택했다면 하중에 의한 문제보다 오히려 다른 문제가 더 많았을 것이다. 하나의 목적을 선택할 때 다른

4-20 | 유리로 덮인 건물. 슈나이더·슈마 허(Schneider & Schumacher), 〈베스트하펜 타워(Westhafen Tower)〉, 독일 프랑크푸르트, 2004.

4-21 | 시스템 창호의 유리 구조.

것을 선택할 때보다 이로운 점이 더 많이 존재해야 한다는 원칙은 건축에서도 마찬가지다. 단순히 유리만을 선택한 것이라면 아마도 여름에는 너무 덥고, 낮에는 눈이 부셔서 좋은 공간을 만들지 못했을 것이다.

이러한 문제를 해결하기 위해서는 유리가 다른 벽 재료와 같은 기능을 갖고 있어야 한다. 즉 열을 차단할 수 있어야 하며, 자외선을 차단하는 기능을 갖추고 있어야 한다. 특히 고층빌딩일 경우 위로 올라갈수록 풍압이 강해서 쉽게 부서지지 않는 견고함도 요구된다. 이러한 문제를 해결할 수 없다면 결코 고층빌딩에 유리벽면을 사용할 수 없었을 것이다. 특히 유리는 에너지 절약과 단열에서 다른 재료에 비해 취약하다. 즉 열 전도율이 높은 것이다.

이러한 이유로 외벽을 담당하는 유리는 특수 제작해야 하는데, 여기에 첨단기술이 요구된다. 일반적으로 이러한 유리들은 2중 이상으로 되어 있고, 그 사이는 열 전달을 막을 수 있는 무중력 상태를 유지하거나 특수 기체로 처리한다. 단열재를 사용할 수 없는 유리는 그림 [4-21]처럼 빛

은 투과시키고 열은 반사하는 기능을 갖추고 있어 공간 내부를 보호하게끔 제작되었다.(4-21)

물론 이러한 기능을 유지하기 위해서는 유리를 감싸고 있는 틀의 역할도 매우 중요하다. 이 틀이 제대로 기능하지 못한다면, 창틀을 통해 열이 전달되면서 내부와 외부의 온도 차에 의한 열 손실이 발생한다. 이 기능이 부실한 건물은 겨울철 창틀에 습기가 가득 차 물이 고이는 결로(結露) 현상을 보인다. 현재 우리나라에는 이러한 특수 유리창이 제작되기 이전의 창을 갖고 있는 주택이 상당수다. 이로 인해 집에 곰팡이가 생기고, 웃풍이 발생하는 것이다. 특히 유리보다 창문 틀에서 발생하는 문제가 대부분이다.

유리의 진화

유리의 발달은 이미 고대부터 시작되었다. 그러나 지금보다 공간이 작고 공간 내부의 활용도가 낮았기 때문에 유리의 필요성에 대한 개념도 달랐다. 기본적으로 건축물에 창이 필요한 이유는 시각적인 해소, 환기, 그리고 빛 때문이다.

그러나 과거에는 구조적인 문제로 인해 이러한 기능을 창에 부여하기에는 역부족이었다. 특히 중세에는 창이 앞의 3가지 기능보다는 기독교적인 교화 내용을 전달하기 위한 홍보 수단으로 더 쓰였으며, 고딕 시대에 그 절정을 이루었다. 우리는 이를 '스테인드글라스'라고 부른다.

그러나 미스 반 데어 로에의 글라스 타워 계획안과 르 코르뷔지에의 〈도미노 시스템〉은 구조를 바꾸어놓았다. 창을 벽으로 만들었고, 하중으로부터의 자유로움은 고층빌딩에 대한 희망을 실현할 수 있게 했다. 보자르 학파가 주를 이루던 시카고 건축이 로마네스크 건물로 뒤덮일 때, 근대건축의 선두주자였던 이들은 자유로운 건물을 선보인 것이다. 이것은 건축에서의 첨단과학이었다. 기둥을 감출 수 없었고 구조라는 속박에서 벗어날 수 없었던 과거의 건축가들에게 이 거장들은 자유로움과 함께 새로운 과제를 던져주었다. 그것은 곧 고딕의 재현이었다.

글라스 타워의 창시자 미스 반 데어 로에

루트비히 미스 반 데어 로에는 발터 그로피우스, 르 코르뷔지에와 함께 근대건축의 개척자로 꼽힌다. 제1차 세계대전 이후 당시의 많은 사람들처럼 미스도 과거에 고전이나 고딕 양식이 그 시대를 대표했듯 근대를 대표할 수 있는 새로운 건축양식을 정립하려고 부단히 노력했다.

4-22 | 반 데어 로에, 〈시그램 빌딩(Sea-gram Building)〉, 미국 뉴욕, 1958.

미스는 극적인 명확성과 단순성으로 표현되는 주요한 20세기 건축양식을 만들어냈다. 완숙기의 그의 건물은 공업용 강철과 판유리 같은 현대적인 재료로 만들어졌는데, 그는 최소한의 구조 골격이 그 안에 포함된, 거침없이 열린 공간의 자유로움과 조화를 이루는 건축물을 만들기 위해 심혈을 기울였다.

미스는 자신의 건물을 '피부와 뼈(skin and bones)'의 건축이라 불렀다. 그는 이성적인 접근으로 건축 설계의 창조적 과정을 인도하려고 노력했는데 이는 그의 격언인 "적을수록 많다(Less is more)"와 "신은 디테일 안에 있다(God is in the details)"로 잘 알려져 있다.

최첨단 과학과 인간의 만남, 스마트 건축을 만들다

능동적인 공간으로 변화를 가져온 IT

그동안 건축은 끊임없이 진화했다. 건축 형태의 변화뿐 아니라 기능적인 변화도 놀라울 정도로 발달했다. 과거 동굴과 숲에서 원시인으로 살던 시절부터 목조·석조·콘크리트·철골은 인간이 추구하는 건축의 다양한 형태를 만드는 데 구조체의 재료가 얼마나 중요한지를 잘 보여주고 있다. 재료 면에서 본다면 마치 재료의 발달이 그 근본 원인으로 보일 수도 있다.

그러나 사실 이러한 발달은 인간의 욕구가 뒷받침되었기에 가능했다. 좀 더 진보된 것, 자연에 강하게 견딜 수 있는 것, 그리고 안락한 것을 추구하는 인간의 욕구가 이 모든 것을 성취하게 한 것이다. 이러한 욕구를 충족시키기 위해 끝없이 노력하고 창작하는 정신이 여기에 있었다.

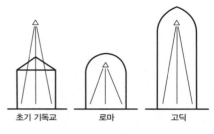

초기 기독교 : 지상의 인간이 하늘의 신께 기도한다.
로마 : 인간이 있는 지상에 하늘의 신이 계신다.
고딕 : 하늘의 신이 지상으로 내려온다.

4-23 | 교회 공간의 내용에 관한 3가지 요약.

새로운 재료는 새로운 구조를 의미한다. 건축의 역사는 인간의 역사와 시기를 같이할 만큼 오래되었다. 그러나 그 대부분은 형태의 변화였는데, 이것이 제1시기다. 근대에 접어들면서 건축의 역사는 과도기를 맞이하고, 제2의 전성기를 누리면서 엔지니어의 등장으로 형태에서 기술의 발달로 한 단계 도약하게 된다. 이전의 시기와 비교한다면 근대는 아주 짧았다. 그러나 이 짧았던 시기를 더 단축시킨 것이 바로 IT다. IT는 건축에서 제3의 등장에 해당한다.

제1시기에서 가장 큰 비중을 차지하는 시대는 로마 시대(고대)와 고딕(중세)으로 볼 수 있다. 로마 건축에 의해 공간의 크기에 변화가 생겼고(아치), 고딕은 높이에 영향을 주었다(플라잉 버트레스). 이것은 그 시대의 첨단과학이었다. 제2시기는 뉴타임으로, 신본주의에서 인본주의로 변화하면서 예술의 기준이 달라졌다. 그 주체가 인간의 가치관이 된 것이다. 자연과의 조화를 처음으로 알게 되었던 시기이기도 하다.(4-23)

그리고 제3시기가 바로 근대다. 근대에서 가장 영향력이 컸던 것은 아방가르드다. 매스 형태로 흘러왔던 형태주의(공간의 전체주의)에서, 본격적으로 기능에 따라 영역을 나누는 기능주의로 바뀌는 계기가 되었는데

4-24 | 집이 더 많은 능력을 갖고 있음을 나타내는 광고 로고

이것은 곧 형태 변화에 의한 구조 변화에 해당한다.

이 변화가 새로운 재료를 요구하게 되었고, 기존의 구조 개념을 비웃기 시작했다. 형태가 변한다는 것은 곧 구조가 변한다는 것이다. 다른 구조는 다른 재료를 말한다. 근대에 오면서 형태 변화를 시도했지만, 박스에 넣듯 모든 것을 하나의 공간에 가두어놓고 뚜껑을 닫아버리는 형식에서 벗어날 수 없었다. 그러나 아방가르드의 자유로운 형태가 등장하면서 프랭크 로이드 라이트의 이른바 풀어헤친 박스 같은 것이 등장하게 되었다.

당시 많은 건축가들이 구조에 대한 자신감 부족으로 근대에 걸맞은 새로운 시도를 하지 못하자, 아돌프 로스는 〈로스 하우스〉를 통해 하중의 흐름을 선보이는 파격적인 구조를 보여주었다. 이는 새로운 형태와 새로운 근대를 앞당기는 중요한 전환점이 되었다.

이 모든 과정을 거쳐 지금에 도달한 우리에게는 이러한 시도들이 과거의 한 과정으로만 보일지 모르지만, 당시에는 모험이자 최첨단이었다. 제1시기와 제2시기가 형태 변화의 시기라면, 제3시기는 형태(건축가)와 기술(엔지니어)이 공존하는 시기였다. 지금은 제4시기다. 형태의 변화보다는(물론 과거보다는 형태 변화도 건축가 개인에 많이 의존하고는 있지만) 기술이 주도적인 시대다. 기술이 건축을 뒷받침하고, 그것이 안락함의 척도가 되고 있다. 과거 건축물이 수동적인 개체였다면, 이제 공간은 인간의 삶 속에서 독자적인 역할을 하는 일부가 되어간다. 이를 가능하게 한 것이 바로 IT의 등장이다.(4-24)

아이디어가 곧 기술이 되는
스마트 건축 시대

　　　　　모든 분야가 그렇지만 건축도 변화 주기를 보면 그 기간이 점점 짧아지고 있음을 알 수 있다. 아이디어가 있어도 기술이 이를 뒷받침할 수 없었던 시대가 있었다. 그러나 이제는 아이디어가 곧 기술이 되는 시대가 되었다. IT가 건축물에 지능을 더해주었다. 스마트한 건축물로 만드는 것이다. 프로그램을 사용해 원거리 관리가 가능해졌고, 관리자의 업무 일부분을 건축물 스스로가 관리하는 시스템이 만들어지고 있다. EHP(Electric engine-driven Heat Pump, 가변형 히트 펌프 냉난방기)를 컴퓨터 프로그램화해서 전체적인 관리가 용이해졌으며, 온도와 시간에 대한 관리 시스템이 운영되고 있다.

　이제 건축물은 건축주가 생각하는 것 이상으로 계획적인 설계를 거쳐 제공되는 것이 일반화되고 있다. 과학이 발달한다는 것은 그만큼 인간의 활동이 줄어든다는 뜻이다. 인간이 해야 할 일을 기계가 분담해주기 때문이다. 그러나 이는 기계가 인간의 기대치를 따라줘야 할 만큼 능력을 지니고 있어야 가능하다. 인간의 의지만큼 기술이 뒷받침해주지 못했던 시절에 대부분의 기계는 생산 차원에 머물러 있었다. 특히 건축은 그 규모가 방대하고 복잡해서 과학기술을 접목하는 범위가 한정되어 있었다.

　그러나 이제 IT는 프라이부르크의 〈헬리오트롭〉처럼 건물 자체를 태양의 위치를 따라 움직이게 하는 대범함을 실현시켰다. 이제 IT의 발달은 마치 근대에 살아남기 위해 새로운 이론이 봇물 터지듯 쏟아져 나왔던 것처

> **EHP**
> 가스를 사용하는 GHP와 달리 전기를 주요 에너지원으로 하여 냉난방을 하는 장비로서 천장형 냉난방 시스템으로 많이 쓰인다. 에어컨의 냉방 기능을 역방향으로 전환하면 난방을 할 수 있다는 점에 착안해 냉난방 겸용으로 제작된 기기다.

럼 새로운 기술을 좀 더 적극적으로 건축물에 적용하고 있다.

에너지 절약 시스템의 하나로 쿨링(cool-ing) 시스템이 있다. 쿨링 시스템은 실내의 온도를 감지한 센서가 천장의 냉각수를 이용해 적절한 내부 온도를 유지하게끔 자동으로 작동하는 시스템이다.(4-25) 이는 내부 온도의 상황에 따라 유동적으로 작동하는 기술로서, 항시 가동되는 시스템과 비교한다면 훨씬 에너지 절약적인 시스템이다. 빗물을 저장해 사용하고, 높은 온도는 위로 올라간다는 기본적인 지식을 활용한 것이다. 천장에 설치한 것은 공간 전체를 그대로 둔 채 상부 일부를 변화시키면서 공기 온도를 유동적으로 만들기 위해서다. 사실 이 기술은 그렇게 최첨단은 아니다. 내부의 온도와 습도를 측정하는 센서가 중요한 역할을 하고, 이 센서가 얻은 정보를 메인에 전달하는 회로가 중요한 요소다. 그 외의 시스템은 사실 복잡하지 않다.

이러한 기술은 인간에게서 나온다. 즉 최첨단 기술은 인간 자신임을 매번 보여주고 있다. 인간이 스스로 발달하고 이를 실천하는 것이 바로 건축물에 나타나는 것이다.

건축뿐 아니라 모든 분야가 고유의 기능을 넘어 그 이상의 능력을 요구받고 있다. 그 이유는 균형적인 발달 때문이다. 한 분야의 발달이 다른 분야와 상호 간에 영향을 주고받고, 그렇게 발달한 내용들이 결과적으로 더 좋은 효과를 가져오기 때문이다. 여기서 효과라는 것은 미래에 대한 희망을 의미한다. 건축은 특히 IT와 관계가 더 밀접하다. 그 이유는 건축물이 사람을 위한 공간이기 때문이고, 또 환경에 직접적인 영향을 주는 요인이기도 하기 때문이다.

　그러나 한편 IT의 발달로 인간적인 감성과 친밀감은 점차 멀어지고 있다. 직접적인 만남을 주도하는 것이 공간이 갖는 역할이다. 그리고 공간의 동선은 곧 인간이 공간을 지배하는 능력이다. 그러나 IT는 동선을 제거하며 인간의 공간을 사라지게 하는 문제점을 안고 있다. 이것은 IT를 과신하는 사람들에게 또 다른 경고가 되고 있다.

chapter5

철학 · 미학 · 심리학적 질문으로
완성되는 건축

───철학은 가장 기본적인 학문으로 어느 분야와도 긴밀하게 연결되어 있다. 역사 속에서 건축이 변화한 것은 곧 그 시대의 철학에 변화가 있었기 때문이다. 건축뿐 아니라 모든 학문이 의문에서 시작하고, 그 의문을 풀어나가면서 발전한다. 그 의문에 해결책을 제시하는 것이 바로 철학이기 때문이다. 따라서 건축을 향한 철학적 물음은 반드시 필요하다. 이와 더불어 미와 예술을 그 대상 영역으로 삼는 미학도 건축과 불가분의 관계를 맺고 있다. 훌륭한 건축물은 건축물리 · 경제 · 수익 등의 부분에서 규칙을 내포하면서도 만족할 만한 미적 형상을 갖춘 것이어야 한다. 그리고 건축과 심리학의 관계 또한 내밀하다. 건축학은 궁극적으로 심리학을 전제로 한다. 건축의 기능에는 다양한 요소가 내포되어 있으며, 그러한 요소에는 의외로 심리적인 교감을 주고받는 것이 많다. 설계자는 각 공간에 구현된 작업들이 사람들에게 어떻게 작용하고, 그것을 접한 이용자가 어떻게 반응하는지 예상해야 한다.

철학 · 미학 · 심리학은 모두 건축의 근간이 되는 정신적인 영역의 한 부분으로서 건축에 끊임없이 영향을 미친다. 이와 같은 관점을 가지고 건축과 철학, 미학, 그리고 심리학의 관계를 살펴보는 것은 건축을 종합적으로 이해하는 또 다른 방법이 될 것이다.

철학적 질문 속에서
새롭게 지어지다

"건축과 철학이 관련이 있을까" 하고 묻는다면 아마도 관련이 없다고 생각하는 사람도 있을 것이다. 이 둘을 놓고 본다면 연관성을 찾기가 쉽지 않다. 그러나 '건축과 철학'이 아니라 '철학과 건축'으로 본다면 또 다르다. 특히 철학은 가장 기본적인 학문으로 어느 분야와도 깊은 관계를 맺고 있다. 역사 속에서 건축이 변화한 것은 곧 그 시대의 철학에 변화가 있었기 때문이다. 건축뿐 아니라 모든 학문이 의문에서 시작하고, 그 의문을 풀어나가면서 발전한다. 그 의문에 해결책을 제시하는 것이 바로 철학이기 때문이다.

일반적으로 새로운 것이 만들어지기 위해서는 3개의 과정을 거쳐야한다. 즉 문제가 있음을 알리는 신호, 그 문제를 해결하는 사람, 그리고 새로운 대안을 제시하는 부분이 존재해야 변화를 만들어낼 수 있다. 궁극적으로 이러한 과정에서 타성에 젖지 않고 미래를 바라보는 것이 바로 철학임은 누구나 알고 있다.

신과 인간 사이에서 고민하는 건축

인류 문명의 역사는 길고 다양하지만 전환기는 르네상스 시대라고 할 수 있다. 이 시기를 기점으로 인류의 역사가 많은 변화를 겪었기 때문이다. 어떻게 보면 르네상스는 기독교 문화의 종말이 아니라 인간 사고의 자유를 뜻하는 것일지도 모른다. 모든 기준이 종교가 중심이 되었던 시절, 인간은 어떤 상황에서도 종교의 잣대를 적용해야만 했다.

절대적인 존재에 인간의 형상을 부여했다는 이론인 신인동형의 시대에 작별을 고하고 교황청의 판단에 따라야 했던 중세에, 인간은 스스로를 위해서가 아니라 신을 위해서 모든 작업을 했다. 모든 것을 인간이 해결하고 스스로에게서 물음과 해법을 찾던 고대에, 중세는 곧 좀 더 정신적인 것을 지향하는 시대와도 같았다. 보이지 않는 유토피아에 확신을 갖고 있던, 능력보다는 믿음을 밑바탕으로 나아가던 시대이자 인간의 삶을 위한 과학과 발전보다는 종교적인 기준에서 모든 것이 판단되던 시기였다. 그러므로 새로운 것을 발견할 필요가 없었다. 절대자에게는 새로운 것이 필요 없기 때문이다.

그러나 신본주의에 작별을 고하고 인본주의로 돌아서면서 인간은 스스로 모든 문제를 해결하며 전진해야 했다. 어떤 일이 발생하면 그것을 신의 탓이나 신의 은혜로 돌리던 시대를 지나 이제 자신들의 무능력함을 부정하고자 부단히 노력해야 했다. 따라서 인간은 스스로의 부족함을 채우고자 다른 것의 힘을 빌리려 노력했는데, 그렇게 해서 발전한 것이 바로 과학이다. 그러나 그것만으로 충분하지 않았고, 정신적인 과학이 필요했으니 그것이 곧 철학이었다.

앞에서 말했듯 '르네상스'는 '재생산'이라는 뜻이다. 왜 당시 사람들은 신본주의에서 탈출하면서 모든 것을 새롭게 시작하지 않고 재생산하는 과정을 거쳤을까? 그것은 인간 스스로 무능력함을 인정하고 그 해결책을 고대에서 찾았기 때문이다.

사람들은 신본주의에서 탈출하면서 이전의 고대의 정신을 끌고 왔다. 그것이 바로 고대를 지배했던 신인동형론으로, 인간을 신으로 승격시켜 신의 능력으로 부족함을 채우고자 하는 의지가 보인다. 그런데 정말 인간이 신처럼 될 수 있을까? 이러한 정신적인 의문이 끝없이 반복되고, 또 그 의문에 답하면서 해결책을 찾아나가는 것이 바로 철학의 기본이다.

새로운 것은 곧 새로운 의문과 같다. 그러나 중세에는 이러한 사고법이 존재하지 않았는데, 인간은 결코 신과 동급이 될 수 없기 때문이었다 (A≠B). 이것이 중세철학의 바탕이었고, 그래서 어떠한 새로운 일도 시도하지 않았다. 예를 들면 중세 사람들은 바다 바깥으로 멀리 나가려고 하지 않았다. 교황청에서 바다의 끝은 낭떠러지라고 말했기 때문이었다. 지동설을 주장한 갈릴레오가 연금된 것은 당연한 결과였다.

과학은 철학에서 출발했지만 중세에는 과학이 전무한 상태였고, 철학의 기반도 약했다. 르네상스 시대에 들어서서야 비로소 인본주의를 선택하고, 고대의 철학을 통해 인간이 신이 될 수 있다는 생각을 갖기 시작한 것이다(A=B).

인간의 불완전함에서 시작된 이러한 발상은 모든 분야에 걸쳐 나타났다. 미술작품에서는 의도적으로 원근법을 표현했고, 착시현상을 만들었다. 날지 못하면 나는 방법을 찾았고, 갈 수 없으면 가는 방법을 찾기 시작했다. 방향을 잃으면 방향을 찾는 방법에 대해 고민했다. 이런 것들이 발단이 되어 여러 가지 필요한 상황들이 만들어졌다. 건축에서도 마찬가지였다. 건축물은 본래 인간을 자연으로부터 보호하는 기본적인 기능만을 갖고 있었다. 그러나 그 이상의 것이 필요하게 된 것이다.

변증법적 사고 속에서 탄생한 트러스

르네상스를 거쳐 근대로 접어들면서 변화의 속도는 더 빨라졌다. 신과 인간의 관계가 아니라 개인을 중심으로 사회가 바뀌어가고 있었다. 시민혁명은 수직적 사회구조를 수평적 사회구조로 바꾸어놓았지만 기존 사회구조에 편입해 있던 부류는 새로운 구조에 적응하기 위해 새로운 삶의 철학을 가져야 했다. 이것이 근대의 시작이다. 근대에는 주류에서 떨어져 나온 부류가 새로운 생존전략으로서 자신들의 작업철학을 내세워 작품을 만들었다.

이러한 이유로 근대는 어느 시대보다도 이론이 넘쳐나는 시대였다. 신본주의와 왕정을 거치면서 사고의 범위가 제한되었던 시대를 지나 누구에게나 기회가 주어지는 근대에 와서 'A=B'라는 관념이 사회 전반에 걸

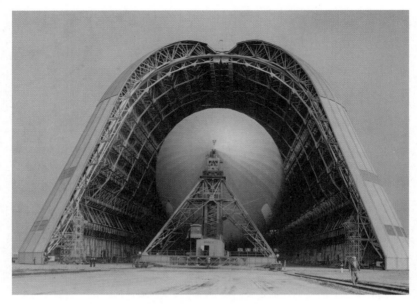

5-1 | 초기 트러스 형식의 건축물. 〈메이컨(USS Macon) 격납고〉, 미국.

쳐서 확대되었다. 귀족과 평민이라는 수직적인 상하관계에서 자본가와 노동자라는 수평적인 사회구조로 변했고, 물질만능과 기회라는 개념이 강하게 자리를 잡았다. 가능성이 곧 기회라는 생각은 모든 전문가가 가

5-2 | 벽체구조와 트러스 구조물. 〈다스 칸토어(Das Kantoor) 격납고〉, 독일.

져야 하는 것으로 근대를 더욱 활기차게 만들었다. 예를 들어 비행기의 출현으로 건축에서는 또 하나의 해결해야 할 문제를 얻게 되었다. 비행기를 넣어둘 격납고가 필요해진 것이다.(5-1, 5-2)

앞에서 여러 번 언급했듯이 건축의 기본적인 기능은 자연

으로부터 인간을 보호하는 것이다. 그러나 산업이 발달하자 생산에 관련된 공장, 물건을 보관하는 창고, 물건을 진열하는 백화점, 그리고 이를 판매하는 사무실 건물 등이 새로이 등장하면서 건축의 역할은 사회적으로 더 커졌다. 그리고 이 작업을 수행하는 데 뒷받침된 것이 바로 철학적인 논리였다.

비행기 격납고가 필요한 상황이라고 가정해보자. 그러나 비행기라는 새로운 물체에 대해 알기 이전에, 앞에서 말한 그렇게 넓은 공간을 만든다는 것은 매우 어렵다는 건축상의 문제점이 있었다. 그래서 건축은 고민하기 시작했다. 벽은 무엇인가? 벽이 내부와 외부를 분리하고, 하중을 기초까지 전달하는 기능을 한다는 것을 새삼스럽게 인식했다. 이는 A≠B라는 사고가 만연하던 시대에는 고민하지 않았던 문제였다.

이 사고가 만연하던 시대의 사람들은 자신의 삶을 위해 노력하지 않았다. 귀족은 귀족이고 평민은 평민이며, 평민은 귀족이 될 수 없다(A≠B)는 개념을 숙명처럼 안고 살았기 때문이다. 그 시대 사람들은 비행기를 만들어도 그것을 보관하기 위한 큰 건축물을 만드는 것은 불가능하다는 사실을 당연히 여기고 격납고를 만들려는 시도조차 하지 않았다.

그러나 하나의 사실에 끊임없이 의문을 제기하고 결국 A와 B를 결합해 완벽한 결론에 도달하고자 하는 변증법(辨證法)이 등장하면서, 즉 평민은 귀족이 되려 하고 인간은 신이 되려는 시도를 하면서 중세는 무너지고 르네상스가 시작되었다.

이 변증법에 따라 사람들은 비행기가 들어가지 못하는 건축물을 보면서 벽이 무엇인지 고

> **변증법**
> 사물이 운동하는 과정에서 내부에 존재하는 모순으로 인해 자신을 부정하고, 다시 이 모순을 지양함으로써 다음 단계로 발전해가는 논리적 사고법을 말한다. 특히 변증법에 가장 적극적으로 의의를 부여한 헤겔은 모든 사물은 결국 정·반·합의 3단계로 발전한다고 생각했다.

• Chapter 5 철학·미학·심리학적 질문으로 완성되는 건축

239

민하기 시작했다. 그리고 그들은 마침내 벽 위에 얹힌 지붕을 보고 지붕의 기능을 생각하게 되었다. 지붕은 외부를 차단해주는, 건축물의 가장 윗부분에 해당한다. 지붕이 무거워야 할 이유는 없다는 것을 알게 된 사람들은 지붕을 가볍게 만들고, 가운데 세운 벽을 없애면 비행기가 들어가는 건축물을 만들 수 있음을 알게 되었다. 이로써 바로 트러스가 탄생했다. 이러한 사고는 이후 계속 발전해 건축 작업의 출발점이 되었다.

인간을 담는 공간으로
확장되다

생명력과 인간에 대한
관심에서 비롯된 새로운 양식

근대에 들어 이전에는 수동적이었던 집단이 능동적인 주체가 되면서 사회를 이끌게 되는데 그들은 바로 평민이었다. 평민들은 귀족 중심의 봉건사회였던 과거를 어둠으로 치부하면서 여러 방면에서 그 시대와의 결별을 모색했다. 예술에서는 생동감 있는 시대의 상징으로 곡선이 유행했는데 이 예술양식이 바로 앞에서도 여러 번 언급한 아르누보다.(5-3)

'새로운 예술(New Art)'이라는 뜻의 아르누보는 과거와의 차별을 꾀하기 위해 선택된 이름이었다. 아르누보 예술가들은 죽은 것은 뻣뻣하고 살아 있는 것은 꿈틀댄다고 생각해서, 생명력 있는 이미지를 표현하고자 곡선을 활용했다. 이는 과거의 형태를 빗대어 한 말이다. 당시 이 양식이 등장한 배경에는 일본이 있었다. 미국 상선이 난파되어 일본에 장기간 체류한 후 유럽에 전파한 문물 중에 일본의 족자가 있었는데, 새로운 시대에 새로운 것을 찾고 있었던 유럽인들에게 일본문화는 신선한 충격이었다.(5-4)

독일에서는 근대가 가져다준 물질적 풍부함으로 인한 인간성의 상실을 걱정하며 인간성에 중점을 둔 새로운 양식이 등장했는데, 이것이 바로 표현주의다. 인간성의 다양함을 표현하기 위해, 자연을 그대로 재현하기보다는 다이아몬드 형태의 결정체 무늬 등을 활용했으며, 높은 이상을 지향하는 고딕 양식의 이미지와 구조의 순수함을 나타내기 위해 벽돌 재료가 선택되었다.(5-5, 5-6)

건축에 대한 정신적이고 철학적인 고찰

근대 초기에 나타난 변화는 전반적으로 물질적인 것이었다. 후원자 제도가 무너지면서 사회 전체적으로 자립에 대한 부담감이 컸기 때문이다. 그러나 점차 안정되면서 변화는 좀 더 정신적인

5-4 | (왼쪽) 티소(James Tissot), 〈일본 족자 앞의 두 젊은 여성〉, 1869.

5-5 | (오른쪽 위) 구드욘 사무엘손, 〈하들그림스키르캬 교회(Hallgrimskirkja)〉, 아이슬란드 레이캬비크, 1945.

5-6 | (오른쪽 아래) 한스 샤룬, 〈베를린 필하모닉홀〉, 독일 베를린, 1985.

것으로 바뀌기 시작했다. 이는 건축뿐 아니라 예술 전 분야에 걸쳐서 일어난 것으로, 이론적인 영역의 많은 부분이 정신적, 그리고 심리적인 영역으로 넓어지고 있었다. 모든 분야에서 재검토가 이루어졌다. 예를 들어, 벽을 구조적인 영역에서만 해석하기에는 뭔가 부족했다. 이는 공간은 무엇인가 하는 의문과도 같았다. 모든 분야에서 정신적이고 철학적인 고찰이 시작된 것이다.

벽은 공간을 나누고, 하중을 전달하고, 내부와 외부를 분리한다. 그러나 정신적인 차원에서 생각해보면, 더 이상 시야가 가지 못하게 막는 것이 벽이다. 이러한 생각은 건축설계의 변화에 영향을 주었다. 유리로 사방을 막는 건물이 등장한 것이다.

5-7 | 커튼월 건물.

　즉 벽은 시야와 관계가 있기 때문에, 사람들은 사방이 유리로 막힌 건물에는 벽이 없다고 생각했다. 그러나 유리에 커튼을 치면 시야가 가려지기 때문에 그 커튼이 벽(wall)이 된다. 유리로 외벽을 마감한 건물을 '커튼월(curtain wall)'이라고 부르는 이유다.(5-7) 이렇듯 무언가를 담을 수 있는 곳이라는 의미의 공간은 무한한 가능성을 보여준다. 결국 공간은 인간의 삶을 담는 곳으로서 그 자신을 확장해나간다.

미적 형상이
건축을 결정한다

미적 요소가 건축에 미치는 영향

화가는 자신의 화실 안에서 그림을 그린다. 무엇을 그릴 것인가는, 의뢰받은 그림이 아닌 이상 화폭의 크기에 제한되며, 작품이 완성되고 나면 다른 물건처럼 팔 것을 제안받는다. 그림이 마음에 들고 가격이 적당하다고 생각하면 고객은 그 작품을 구입한다.

그러나 건축은 다르다. 제작자 또는 고객의 미적 기준이 우선시되는 그림과 달리 건축은 용도 · 구조 · 안전성 · 경제성 · 시공법 같은 여러 요소에 그 자유가 제한된다. 즉 미술에서와는 달리 건축에서 미(美)는 우선적으로 고려해야 할 유일한 관점이 아니다. 그럼에도 아름다움은 건축에서 매우 중요한 역할을 한다. 건축에서는 미관에 영향을 주는 모든 요소가 상대적으로 비교되고 서로 타협점을 찾는다. 로말도 기우르골라(Romaldo Giurgola)는 건축과 미적인 관계에 대해 다음과 같이 말했다. "사회에서 어떤 상황에 접근할 때 그 본질을 포함한 넓은 영역을 고려하지 않고 사회적인 상황과 도덕적인 상황이 우선시되는 좁은 영역이 우선적으로 판단에 영향을 주듯이, 미적인 영역에서도 사회적이고 도덕적인 성격을 내포하는 건축이 우선적으로 영향을 주고 있다."[1]

하나의 예술작품으로서든 아니든 각각의 건축물은 준공 후에 그 자리에 그대로 존재한다. 그러나 분명한 것은, 미술작품과 마찬가지로 훌륭한 건축가가 훌륭한 건축물을 만든다는 것이다. 훌륭한 건축물이란 건축물리 · 경제 · 수익 등의 부분에서 규칙을 내포하면서도 한편으로는 만족할 만한 미적 형상을 갖춘 것을 말한다. 건축에는 많은 제한이 존재하고, 건축의 범위도 법규의 해석 속에 있다. 즉 건축가에게 자유는 제한되어 있으며, 주관적이고 미적인 형상만이 열려 있다. 이것은 건축가가 건축주의 취향에 따라 설계하는 것이 아니라 그의 설계가 가능한 한 최고의 미적 가치를 띠어야 한다는 논리를 뒷받침한다.

아도르노(Theodor W. Adorno)는 "개인의 미학의 가장 강한 지주나 미적 느낌의 이해는 공적인 것으로부터 비롯되며, 그 반대로는 되지 않는다"라고 말했으며, 영국의 작가이자 정치가였던 조지프 애디슨(Joseph Addison)도 이에 관해 다음과 같이 말했다. "예술에 따라서 취향이 나타나는 것이 아니라, 취향에 따라서 예술이 나타난다."

건축물은 건축가의 작은 방에서 저절로 생기는 것이 아니라 건축주와의 계약으로 계획되고, 여러 특수한 요인과 올바르고 물리적인 법규를 고려하는 상황에서 만들어진다. 그 때문에 종종 불평이 나오기도 한다. 오늘날에는 수많은 제한 앞에서 훌륭한 건축물이 나올 가능성이 매우 적다. 그러나 이렇게 많은 제한에도 불구하고 우리는 이탈리아의 건축가 피에르 루이기 네르비(Piere Luigi Nervi)가 요약한 내용에 동의한다. "만일 그가 예술가라면 어떠한 기술적 압박이 있더라도 그의 창작물은 개성이 빛나는 예술품의 건축물로 거듭나는 자유를 갖게 될 것이다."[2]

고대 로마 시대의 건축가 비트루브는 "건축물은 견고함, 목적성, 그리고 우아함을 반영해야 한다"고 말했다. "아름다움은 구성과 수익을 포함해 견고함, 목적성, 그리고 우아함의 하나다. 만일 건축물이 편안하고 호의적인 형상을 갖고 있고, 구성의 대칭이 올바른 영역을 갖는다면 그것이 바로 아름다움이다."

비트루브는 대칭의 사고를 오늘날 균형의 사고로 보았다. 만일 건물의 균형이 명확한 규칙을 갖는다면 그 건물은 아름답다는 것이다. 건축예술의 미적 기본 요소로서 비트루브는 6가지 사항을 제시했다.[3]

1 | 각 요소의 크기 비례가 서로 상호관계에 있고, 전체로서 작용한다.
2 | 각 요소가 서로 작용하고, 그 배치가 전체 내에 있다.
3 | 각 요소와 전체가 우아한 형태를 보인다.
4 | 각 요소의 모듈 관계가 서로 작용하고, 이것이 전체로 작용하며, 건물 곳곳에 나타나는 기본 단위로 작용한다.
5 | 기능과 형태가 조화를 이룬다.
6 | 모든 기능의 종류에 따른 재료와 가격이 적합성을 보인다.

르네상스 초기의 이탈리아 건축가 알베르티는, "아름다움은 마음에 들게 하기 위해 일부를 제거하거나 첨가할 수 없고 변경할 수도 없는, 즉 모든 개체의 규칙적인 조화에서 형성된다"고 주장했다. 아름다움은 분명한 조화이자, 전체를 위한 개체의 화합이 명확한 숫자와 비율, 그리고 질서에 따르는 것이며, 절대적이고 상위적인 자연규칙을 요구한다는 것이다.

후기 르네상스의 건축가 팔라디오는 비트루브의 견해를 지지했다. 아름다움은 견고함과 목적성, 그리고 우아함, 이 3가지 중 하나가 "건물이 좋은 점수를 얻었다"는 평가 속에서 작용하며, 기능과 구조가 함께 있는 것이다. 이러한 견해는 알베르티에게서 영향받은 것이다. 아름다움은 각 개체가 서로에게 작용하고 이것이 모여 전체가 되는 것처럼, 개체가 모인 전체의 통일성과 아름다운 형태에서 기인한다. 팔라디오에게 아름다움은 추상적인 관념이 아니라 단지 건축물과 함께 요약하여 분명하게 경험할 수 있는 것이었다.

문화와 역사적 배경이 미적 가치를 더하다

그 시대 또는 사회의 지배적인 문화 모델 역시 우리가 아름다움을 발견하는 데 영향을 미치는 중요한 요소 중의 하나다. 우리는 종종 다른 문화권에서 전해진 예술을 아름답게 생각하려고 노력해야 할 때가 있다. 가령 인도의 고전음악을 생각해보자. 이는 인도 문화권 밖의 많은 사람들에게 단조롭고 지루하게 느껴질지도 모른다.

유럽 예술사의 한 축을 이루는 고딕 양식 또한 오랜 시간 천박하고 아름답지 않은 것으로 취급당했다. 16세기의 중요한 건축가의 한 사람인

5-8 | 〈스트라스부르 노트르담 대성당〉, 프랑스 스트라   5-9 | 〈타지마할〉, 인도 아그라, 1631~1653.
스부르, 1015~1439.

조르조 바사리(Giorgio Vasari, 1511~1574) 또한 그중 한 사람이었다. "이 저주스러운 형상은 모든 면과 부분에 계속해서 쌓아놓기만 하는 많은 작은 집들을 따라 했다. (……) 이러한 찬합 속에 긁어모은 것을 자체적으로도 불안정하게 적용하는 집은 안정감이 없다. 그리고 돌과 대리석으로 된 것이 오히려 종이로 만든 것처럼 보인다."[4]

괴테는 1772년 〈스트라스부르 노트르담 대성당(Cathédrale de Notre-Dame de Strasbourg)〉을 보고 고딕 양식의 건물을 처음으로 긍정적으로 표현한 사람이 되었다.(5-8) 다시 말해 고딕 양식이 긍정적인 평가를 받게 된 건 근 2세기가 지나서였다. "나의 영혼은 수천 개의 요소들이 조화를 이루고 있는 고딕의 건물을 보고 위대한 인상을 받았다. 즐거이 체험하고 즐기지만 어떤 방법으로 인식하고 설명해야 할지 모르겠다. (……) 모든 부분과 간격에서 오는 느낌 속에서 햇빛에 드러나는 그의 품위와 위엄을 보기 위해 얼마나 나는 자주 그곳으로 돌아갔는가?"[5]

건축물의 역사적 배경에 대한 지식 또한 아름다움을 지각하는 데 영향을 줄 수 있다. 예를 들어 건물 지하에 나폴레옹(Napoleon Bonaparte)이 묻힌 파리의 유명한 〈앵발리드(Hôtel des Invalides)〉나, 무굴 제국 황제 샤 자한(Shāh Jahān)이 사랑하는 부인을 위해 만든 인도의 〈타지마할(Taj-

Mahal)〉은 물론 그 형태 자체가 관찰자에게 특별하게 작용한다.(5-9) 그러나 샤 자한이 타지마할과 마주 보는 강 건너편에 검은 대리석으로 자신의 묘소로 쓸 동일한 건축물을 만들려 했고, 이로 인한 파산을 막으려는 그의 아들에 의해 왕위에서 쫓겨난 사실에 관한 지식은 이 건물에 대한 평가에 특별한 점수를 부여한다.

또한 형태도 평범하고 오래되었으며 역사적 가치도 없는 건물들이 아름답게 느껴지기도 한다. 스미스(Peter F. Smith)는 이러한 사실을 증명했다. "지속되지 않는 생명에 대립해 영속성을 상징하고, 노화의 현상이 당연한 것이라는 견해를 분명하게 해주는 예술작품을 통해 인간은 언제나 진정된다."⁶ 노후된 건물은 오히려 불멸의 상징으로서, 아름다움의 발견에 긍정적인 영향을 미칠 수 있다.

자연미와
인공미 사이에 선 건축

자연의 아름다움과 기하학에 의한 아름다움

플라톤은 아름다움을 자연의 아름다움과 기하학에 의한 아름다움, 이 2가지로 구분했다. 이러한 이분법적 사고는 플라톤 이후 계속 이어졌다. 플라톤의 기하학적 아름다움은 근대에는 헤겔의 '인공미', 현대에 이르러서는 르 코르뷔지에의 '기술의 미'로 바뀌었다. 그러나 그 의미나 내용은 기본적으로 동일하다. 이 2가지 아름다움의 대립은 오늘날 우리가 자연의 힘에 대항하는 기술이라는 수단과 마찬가지로 인간의 저항을 반영한 것이다. 그러나 이 사고법은 명백히 서구적인 것임에 유의해야 한다.

동양철학에서는 자연미와 인공미, 이 2가지가 대립하지 않고 서로를 충족시키는 역할을 한다. 예를 들어 불교의 교리는 이 양면적 사고의 교량 역할을 한다. 인간의 손으로 만든 것과 자연은 2개의 분리된 개체가 아니라 하나로 연결되는 것이다.

현대건축에서 이 2가지 아름다움에 관한 고찰은 프랭크 로이드 라이트의 아름다움에 관한 다양한 요약이 최초이며, 그전에는 르 코르뷔지에를 들 수 있다. 즉 라이트는 자연에서 조직적인 건축물의 아름다움을 보았고, 르 코르뷔지에는 현대기술의 옹호자로서 현대기술이 생산하는 아름다움의 형태를 강조했다.

라이트는 아름다움에 관해 자연 속의 꽃을 들어 설명했다. "구조는 각 잎사귀가 갖고 있는 선과 형태 안에서 그 자연의 구조를 알리기 위해 초기의 일반적인 것에서 특별한 것으로 진보한다. 일반적으로 우리는 조직적인 사물을 갖고 있다. 규칙과 질서는 기본적인 것이다. 완벽한 우아함과 아름다움이다. 아름다움은 색과 형태, 그리고 선이 서로 기본적으로 조화를 이룬 표현이며, 이 관계가 성실하게 어울려야 할 곳에 계획된 대로 설계된 것이 채워지면서 특별한 것으로 나타나는 것이다."[7]

라이트가 단지 자연에서 나타나는 형태나 색의 다양함에 놀란 것은 아니다. 그에게 자연적인 미는 자연스럽게 나타나는 규칙과 질서, 그리고 균형과의 일치다. "우리가 무언가를 아름다운 것으로 본다면 본능적으로 그 사물의 정확성을 인식할 수 있다"라는 그의 표현에서, 우리는 그 사물의 규칙성과 질서를 인식하고 받아들임을 알 수 있다.

라이트가 건축한 〈로비 하우스(Robie House)〉에서 우리가 눈여겨보아

야 할 부분은 바로 처마다.(5-
10) 서양건축에 처마는 존재
하지 않았다. 처마는 동양의
미다. 처마 밑은 내부에서 보
면 외부다. 그러나 외부에서
보면 내부이기도 하다. 상반
된 개념이 공존하는 영역인
데 이러한 영역은 동양에 많

5-10 | 라이트, 〈로비 하우스〉, 미국 시카고, 1909.

이 존재한다. 특히 한국이 그렇다. 마당이 그렇고, 마루가 그렇고, 평상
이 그렇다. 라이트는 이러한 이미지를 서양건축에 접목시켰다. 즉 인간
의 건축에 자연을 접목시킨 것이다. 처마를 길게 드리우고, 자연을 안고
있는 〈로비 하우스〉가 대표적이다.

기계에 매료된
르 코르뷔지에의 기술미학

　　　　　　　　르 코르뷔지에는 1923년 건축의 아름다움을 기술
의 미와 비교했다. "기술의 미와 건물의 예술, 이 2가지는 기본적으로 보
면 동일하다. 하나는 다른 하나에서 나오고, 하나가 개발되면 다른 하나
는 후퇴한다. 경제적인 법칙을 통해 조언하고 계산을 통해 수행하는 기
술자는 전체적인 법칙과 함께 모든 것을 일체화한다. 기술자는 조화를
만든다. 건축가는 형태를 위한 자신의 행위를 통해 자신의 사고에서 나
오는 순수한 창조물인 하나의 질서를 사실화한다. 간접적으로 건축가는
우리의 사고 안에서 형태에 강하게 손을 대고, 형상을 위해 우리의 감정

을 일으킨다. 건축가가 나타내는 핵심이 우리의 내부 깊숙이 메아리를 불러오기도 하고, 세계질서를 수반한 일치 속에서 발견하는 질서를 위한 척도를 제시한다. 건축가는 우리 영혼과 가슴의 다양한 움직임을 결정한다. 이렇게 우리는 아름다움을 경험하게 된다."

당시 커다란 배, 자동차, 그리고 비행기에 대한 놀라움은 르 코르뷔지에에게 많은 영향을 끼쳤다. "집은 살기 위한 하나의 기계다." 그는 1921년형 자동차를 보고 이렇게 말하기도 했다. "만일 주거와 주택에 대한 문제가 자동차의 운전을 배우는 것과 같이 잘 학습된다면, 우리 주택의 개선과 변화도 빠르게 경험될 것이다. 만일 집이 산업체에서 자동차가 연속적으로 생산되는 것처럼 생산된다면, 사람들은 즉각적으로 놀라운 형태들을 볼 수 있을 것이다. 그러나 건전하고 대체할 수 있으며, 새로운 출현, 그리고 알맞은 미학은 즉시 형상화된다." 이 글은 1923년에 출간된 『Vers Architecture』(『건축물을 향하여』로 번역 출간)에 실려 있다.

당연히 아름다움에 대한 이러한 주장은 미술가들에게도 의미 있는 역할을 했다. 르 코르뷔지에의 기술적 선언은 1909년 〈사모트라케의 니케상(Victoire de Samothrace)〉보다 경주용 자동차가 더 아름답다고 한 미래주의 선언의 이념과 상통한다. 몬드리안은 큐비즘을 통해 사물을 표현했고, 판 두스부르흐는 이미 그전에 순수한 기하학적인 그림들을 그렸으며, 레제(Fernand Leger)는 아름다움의 원천으로서 기하학의 규칙을 활용했다.

고대에서부터 지금까지 그리스의 건축물들은 기하학적인 규칙에 따라 지어졌다. 놀랍게도 추상회화의 창시자의 한 명으로 여겨지는 말레비치에게 기술은 제일의 역할을 하는 요소다. "만일 우리가 다양한 시기에 나오는 현재 실용적인 기술로 생산된 예술작품들을 비교하면 예술작품 또한 각각의 가치를 갖고 있다는 것을 확인하게 된다. 만일 예술작품이 과거에 속한 것이라면, 기술적인 작업들이 오래되면 그 가치를 잃는다."[8]

현대건축의 추세는 유행의 흐름에 따라 한 면이나 다른 면을 강조한다. 현대를 대변하는 로저스(Richard Rogers)나 노먼 포스터와 같이 기술적인 면을 강조하는 건축가가 있는가 하면, 자연친화적인 면을 강조하는 건축가들도 있다.

심리학으로 짓는
건축

건축학은 심리학을 전제로 한다

우리는 살아가면서 사람만큼이나 많은 건축물을 만나게 된다. 의식적이든 아니든 도시에서의 삶은 건축물과 만남의 연속이다. 그 만남은 우연일 경우가 많은데, 만약 같은 상황이 반복된다면 그런 우연한 만남은 기억되지 않고 사라진다. 그러나 맞닥뜨린 정보가 일반적이지 않고 예상했던 것과 다를 때 우리의 정보 흡수력은 다르게 반응한다. 우리의 감각기관은 성장하면서 얻은 수많은 정보를 이용해 여러 가지 상황에서 순발력을 갖고 대처한다.

이러한 현상은 특히 건축에서 많이 일어난다. 따라서 건축가가 설계할 때는 사람의 심리를 잘 파악하는 것이 중요하다. 설계할 때 사람의 심리적 반응을 고려하는 것은 사실 그렇게 어려운 일이 아니다. 뭔가 특별한 상황이 있을 수 있지만 일반적인 상황이 더 많으며, 특별하게 고려해야 할 사항이 있을 경우 심리학자와 논의할 수도 있다. 일반적으로 사람의 심리를 잘 파악한 건축가가 훨씬 아늑한 공간을 만들어낼 수 있다. 건축뿐만 아니라 인간을 상대하는 작업에서는 반드시 심리적인 요소를 고려해야 한다.

건축물의 기본 기능은 자연으로부터 인간을 보호하는 것이지만 이것이 건축물을 만드는 목적의 전부는 아니다. 일본의 한 학자가 범죄자들이 성장한 공간을 연구했는데, 그 결과 놀랍게도 동일한 공간구조에서 동일한 범죄자가 만들어졌다는 것을 알게 되었다. 이렇듯 공간은 내부와 외부를 단절할 뿐 아니라 사용자에게 중요한 심리적 상황을 부여하기도 한다. 어두운 공간에서 생활하는 사람들은 심리적으로 우울한 경우가 많으며, 거꾸로 우울할수록 어두운 공간을 찾아가기도 한다. 공간에 충분한 빛을 제공해야 하는 이유가 여기에 있다.

심리적으로 건강한 공간을 만들기 위해서는 여러 분야의 전문가들과 의견을 나눠야 한다. 건축학은 궁극적으로 심리학을 전제로 한다. 설계자는 각 공간에 구현된 작업들이 사람들에게 어떻게 작용하고, 그것을 접한 이용자가 어떻게 반응하는지 예상해야 한다.

사람들은 새로운 공간에 입주하면 그 공간에 익숙해지기 위해 많은 정보를 받아들이고 이해하려고 노력한다. 그 정보가 긍정적이든 부정적이든 일단 이해하려고 한다. 이것이 반복되면서 건강한 정보와 해로운 정보가 쌓이고, 해로운 정보가 과도하게 축적되면 그 심리상태가 육체적 신호로 나타나는데, 우리는 그것을 병이라 부른다.

형태에 따른 심리적 반응

아래에 3개의 도형이 있다. 우리는 이것을 의식적으로 사각형 · 원 · 삼각형이라고 부른다.(5-11) 그러나 무의식에서 도형의 이름은 중요하지 않다. 이를 바라보는 개인의 경험과 지식, 그리고 이에 대한 사고가 작용해 도형들에 대한 평가와 반응이 다르게 나타날 수 있는 것이다.

5-11 | 사각형, 원, 삼각형.

일반적으로 원은 통일성, 절대적인 것, 완전한 것, 신적인 것, 즉 신성함과 완전함을 의미한다. 마법에서 원은 악령이나 사탄을 막는 상징으로도 쓰였고, 불교에서는 윤회나 환생을 의미하기도 한다.

한편 사각형은 인간의 생활과 가장 밀접한 관계를 맺고 있는 도형으로서 경계 안에 있음, 편안함과 안정감, 삶의 영역, 그리고 동서남북을 의미한다. 비잔틴 시대에는 사각형을 서양의 도형, 그리고 원을 동양의 도형이라고 믿었다.

그리고 가장 안정된 도형이라 일컬어지는 삼각형은 기본적인 기하 형태에서는 가장 역동적이며, 투쟁, 죽음, 그리고 희생정신을 의미한다. 숫자 '3'이 삼위일체 등 종교적인 상징으로 사용되므로 신성한 것을 의미하기도 한다.

5-12 | 여러 도형이 건축에 사용된 예.

이렇듯 전문적인 지식이 없더라도 형태는 각자에게 하나의 상징으로 작용한다. 건축물은 인간생활과 밀접하게 관련되어 있기 때문에 이러한 사항을 고려한다면 좀 더 의미 있는 건축물과 공간을 만들어낼 수 있다.(5-12)

프랑스에 있는 수도교 〈퐁 뒤 가르(Pont du Gard)〉는 로마 시대의 교량이다.(5-13) 화산이 많았던 로마는 풍부한 화산재로 벽돌을 구워 많은 건축물을 만들었다. 앞서 말했듯 로마가 특히 교량과 수로를 많이 만들 수 있었던 것은 방대한 영토를 정복할 만큼의 힘이 있었기 때문이다. 이러한 기능성 건축물도 뛰어나지만 로마 시대의 건축물들은 지금까지도 주변환경과 잘 어우러지며 사람들에게 편안함을 선사하고 있다.

앞에서 언급했듯이 원은 무한대의 의미를 갖고 있다. 그리고 원에는 아치의 형태가 들어 있다. 아치가 상하로 반복되는 형태를 갖고 있는 것이 원이다. 이 무한대는 자연에 어울리는 형태로, 사람들은 구조에 대한 지식이 없더라도 로마의 아치를 보면서 대지의 연속성과 함께 심리적인 안정감을 느낀다.

〈피라미드〉는 어느 방향에서 보아

5-13 | 로마 수도교 〈퐁 뒤 가르〉, 프랑스 가르 현, 기원전 19년경.

5-14 | 페이, 루브르 박물관 앞 〈유리 피라미드〉, 1989.

도 삼각형의 형태를 보인다. 이는 미술에서 사용하는 삼각구도로, 운동성을 갖지 않는 안정적인 구도다. 이 안정적인 구조는 왕의 권력과도 연결되어 있다. 따라서 삼각형은 절대성을 상징하며, 지속적으로 응용되고 있다.

찰스 쟁스는 프랑스의 루브르 박물관 앞에 있는 이오 밍 페이의 〈유리 피라미드〉(5-14)에 대해 다음과 같이 표현했다. "모던의 탈을 쓰고 프랑스에 영광을 되돌려주었다."

여기서 모던의 의미는 시민혁명과 산업혁명을 통해 귀족과 평민이 아닌 자본가와 노동자라는 새로운 계급이 탄생했음을 뜻하며, 왕정의 몰락을 의미한다. 그러나 〈피라미드〉는 절대적인 왕권을 상징한다. 어찌 보면 모던과 〈피라미드〉는 공존할 수 없는 간극을 갖고 있다. 그렇지만 페이는 과거 프랑스 역사의 찬란함의 상징인 루브르 박물관 중앙에 이를 배치하고 투명한 유리에 현대적인 기술을 사용함으로써, 절대적 왕권의 이미지를 현재로 끌어와 프랑스를 위로했다. 프랑스의 재건을 이러한 형태언어로 표현하고 있는 것이다.

이렇게 피라미드 형태는 현재 곳곳에서 많이 사용되고 있다. 5,000년의 역사 속에서 전혀 변화가 없었던 이집트의 삼각형이 지금도 형태의 중요한 요소로 쓰이고 있는 것은 이러한 복합적 의미를 담고 있기 때문이다.

한편 사각형 건물은 가장 이상적인 공간구조를 만들 수 있는 형태다.(5-15) 공사도 원활하게 진행할 수 있으며, 구조 면에서 다른 형태에 비해 장점이 많다. 하중의 전달이 용이하고, 가구를 배치하는 데 수월하다는 이

5-15 | 사각형 건물의 예.

점도 있다. 또한 도시건축에서도 잘 정리된 모습을 보여줄 수 있다.

그러나 크리스털(crystal) 건축과 크게 대조되면서, 실용적인 면에서는 강점을 갖는 반면 다소 지루하다는 느낌을 갖는 사람들도 많다. 그런 이유로 사각형 형태에서 요즘 흔히 사용하는 디자인이 '미니멀리즘(minimalism)'이다. 미니멀리즘이란 전체적인 형태를 하나의 띠로 묶거나, 하나의 형태 안에 전체를 집어넣는 디자인을 말한다. 이 또한 미술에서 시작했지만 건축, 특히 미스 반 데어 로에가 많이 쓰는 건축 디자인 중의 하나다.

> **크리스털 건축**
> 크리스털의 결정체처럼 다양한 각도를 갖거나 유리 결정체가 숨겨 있는 듯한 건축물의 형태를 말한다. 리베스킨트의 〈로열 온타리오 박물관〉이 이에 속한다.

공간구조에 따른 심리적 반응

공간의 구조에 따라 전혀 다른 심리적 반응이 유발
된다. 건축가는 반드시 이러한 심리적 요소를 건축에 반영해야 한다.
그림 [5-16], [5-17]의 두 공간에서 사람들의 동선은 자유롭다. 그림
[5-16]의 공간은 고전적인 인테리어가 관심을 끌어, 전면에 보이는 기
둥을 기준으로 동선이 만들어질 수 있다. 그림 [5-17]의 공간은 지붕 구
조의 특이함으로 인해 중앙으로 동선이 만들어질 것이다.(5-16, 5-17)

5-16 | 　　　　　　　　　　　　　　5-17 |

그러나 같은 공간 중앙에 카펫이 깔린다면 사람들은 동선 만드는 것을
주춤할 수 있으며, 발걸음도 좀 더 조심스러워질 것이다. 그림 [5-18],
[5-19]와 같은 공간에서는 일반적으로 시간이 지나면 카펫 위로 동선이
형성된다.(5-18, 5-19) 그러나 그림 [5-20]의 경우 카펫은 침범당하지 않

5-18 | 　　　　　　　　　　　　　　5-19 |

으며, 공간의 질서도 잡힌다.(5-20) 동선의 주인이 결정되어 있기 때문이다. 이는 심리적으로 지켜지는 약속이다. 이렇듯 공간은 만들어진 후 심리적 흐름의 지배를 받는다.

[5-21]의 도면은 일반적인 중복도 형식의 건물 평면이다.(5-

5-20

21) 공간이 복도의 좌우로 배치되어 있고, 중앙에 계단이 놓여 있다. 이 경우 복도는 외부 햇빛과 상관없이 하루종일 불을 켜놓아야 한다. 즉 에너지 소비형 건물이다. 또한 이러한 평면은 계단을 벗어나면 동선이 좌우로 흩어진다.

그림 [5-22]는 중복도 형식의 평면도로, 복도의 좌우에 공간이 배치되어 있다.(5-22) [5-21]의 도면과 다른 점은 계단이 중앙이 아닌 한편으로 쏠려 있다는 것이다. [5-22]의 평면도들은 면적 효율성을 높여야 하는 상가나 사무실 밀집지역에서 많이 보인다. 그러나 이러한 평면은 병원이나 양로원 등의 건물에서는 피해야 하는 형태다. 맨 끝의 공간에 머무는 사람이 일찍 사망하는 경향이 있기 때문이다. 이는 외롭고 혼자라

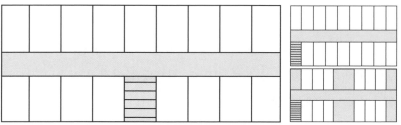

5-21

5-22

5-23 | 〈한국 대법원〉, 서울 서초동, 1995.

5-24 | 길버트(Cass Gilbert), 〈미국 대법원〉, 미국 워싱턴, 1935.

는 심리상태를 만들 수 있는 평면 형태다. 이러한 건물의 평면은 마지막 공간, 또는 혼자 있는 공간이라는 생각이 들지 않게 만드는 것이 중요하다.

비례에 따른 심리적 반응

비례에 따라 나타나는 심리적 반응도 다르다. 한국과 미국의 대법원 건물을 살펴보자.(5-23, 5-24) 두 건물의 특징은 좌우대칭이며, 수직적인 요소가 많다는 것이다. 특히 〈미국 대법원〉 건물은 전형적인 그리스 신전의 모습을 하고 있다. 같은 비례의 16개 기둥이 삼각형 박공지붕을 떠받치고 있는 구조로서, 건물 전체에서 장엄함과 엄숙함이 풍겨 나온다.

한편 〈한국 대법원〉 건물은 좌우대칭이 뚜렷하고, 특히 나란히 놓인 중앙의 기둥이 강조된 것을 볼 수 있다. 이는 〈미국 대법원〉 건물보다 상당히 권위적인 의미를 강조한 것으로, 건물에 들어서기 전 심리적으로 위축감을 느끼게 하려는 의도가 그대로 드러난다.

낯선 건축에서
새로움을 보다

새로운 건축은
심리적 감성을 자극한다

역사 속에서 홀대를 받아왔지만 후세에 놀라움을 안겨주는 건물은 의외로 많다. 그중 대표적인 것이 바로 고딕이다. 이전의 풍부하고 넉넉했던 이미지와는 다르게 심한 다이어트를 했던 고딕 건물들은 아직도 중세의 어두운 배경에 등장할 정도로 그 이미지가 어둡다. 그러나 괴테가 "돌인데도 저렇게 섬세할 수가 있는가?"라고 감탄할 정도로 후세에 탁월한 건축물로 재평가받았다. 고딕 건축가들의 도

5-25 | 〈에펠 탑〉 건축 과정. 프랑스 파리. 1889.

전정신에 많은 후세 건축가들이 힘을 얻고 있다.

근대에 접어들어 경제가 발전하면서 철과 유리라는 시대적인 재료가 나타났고, 철로 만들어진 건축물이 등장하기 시작했다. 이러한 건축물을 처음 본 시민들의 반응은 두려움 그 자체였다. 석조건물만 보던 파리 시민들에게, 1889년에 세워진 〈에펠 탑(Eiffel Tower)〉은 마치 거대한 로봇을 보는 것과 같은 불안감을 느끼게 했다.(5-25)

석조건물에 익숙했던 시민들에게 철재는 당연히 친숙하지 않은 재료다. 더욱이 〈노트르담 대성당〉이나 〈루브르 박물관〉 같은 섬세한 건물들 사이에서 생활하던 파리 시민에게 철재로 만들어진 〈에펠 탑〉은 마치 거대한 괴물과도 같은 흉물이었다. 그러나 〈에펠 탑〉을 설계한 에펠(Alexandre G. Eiffel, 1832~1923)은 근대 건축가이자 이미 많은 철재 건축물을 지은 전문가로서 경험이 있는 사람이었다. 그리고 당시의 모험가들은 오히려 이 탑을 긍정적으로 바라보았다.

모파상(Guy de Maupassant)은 이 건물을 보지 않으려고 파리 시내를 뒤지다가, 결국 〈에펠 탑〉의 모습이 보이지 않는 〈에펠 탑〉 꼭대기로 올라갔다고 한다. 반면 니체는 1871년 파리 코뮌(Paris Commune)에 의해 불타버린 파리 시내의 모습을 본 뒤 과거의 문화에 결함이 있음을 깨닫고 변화를 추구하는 쪽에 가담하게 된다.

파리 코뮌
프랑스 정부에 대항한 파리 시민과 노동자 들이 봉기해 수립한 혁명적 자치정부(1871. 3. 18~5. 28). 마지막 정부군의 진압 과정은 '피의 일주일'로 불리는 대살육전으로, 시민들은 길에 방책을 치고 튈르리 궁전과 시청 건물 등 공공건물에 불을 질렀으나, 결국 진압되어 역사 속으로 사라졌다.

5-26 | 피닌스키, 〈보켄하이머 바르테 역〉 입구, 독일 프 5-27 | 사이트, 〈베스트〉 체인점, 미국 휴스턴, 1974.
랑크푸르트, 1986.

이것이 새로운 현상에 대한 다양한 심리적 반응이다. 건축가는 새로운 것을 시도할 때 어떤 반응이 나올지를 예상해야 한다. 사람들은 자신이 접하는 현상에 반응한다. 이 반응이 때로는 예상하지 못한 것으로 나타나는 경우도 있다. 그 결과가 긍정적이라면 다행이지만 그렇지 않다면 사회문제로 대두될 수도 있다.

일반적으로 수직과 수평, 또는 마감 기준을 벗어난 작품들도 새로움을 안겨준다. 그림 〔5-26〕의 건물은 프랑크푸르트에 있는 〈보켄하이머 바르테 역(Bockenheimer Warte Station)〉의 입구로, 지상에서 지하로 내려가는 동선 그대로를 건물의 형태로 만들었다.(5-26) 건물 자체가 열차의 한 부분으로 이곳이 열차와 관계된 곳이라는 것을 이미지로 암시하고 있다.

그림 〔5-27〕은 건축그룹 '사이트(SITE)'가 〈베스트(Best)〉 체인점을 설계한 건물이다.(5-27) 체인점 건물들은 모두 미완성 또는 파손된 이미지를 보이는데, 베스트라는 회사가 건축물 수리와 관계 있음을 홍보하는 좋은 예에 해당한다. 이러한 것들이 관심을 끄는 이면에는 심리적인 놀라움이 있다. 물론 우리의 예상을 벗어난 작품들이 언제나 긍정적인 반응을 얻는 것은 아니다. 이러한 작품들은 어떠한 상황에서 특별한 목적을 갖고 만들어진 것으로 사실상 심리적인 감성을 자극한다.

익숙한 공간 vs 새로운 공간

공간 또한 마찬가지다. 새로운 공간을 접할 때는 누구나 긴장한다. 이러한 반응은 특히 거대하고 웅장한 건물이 많은 공간일수록 더 잘 나타난다. 우리는 도시에서 많은 건축물을 본다. 도시는 우리가 채 익숙해지기도 전에 다른 건물들로 채워지고, 일반인의 간섭을 허락하지 않는다.

어린 시절 익숙했던 도시의 풍경은 빠르게 변화하고, 이방인이라는 단어가 익숙해지고 있음을 느낀다. 도시는 1년만 떠나 있다가 와도 낯설 만큼 빠르게 변화하고 있다. 도로변을 벗어나면 주택으로 가득해지며, 도시를 아예 벗어나면 고층건물도 뜸해지고 농촌의 모습으로 변해간다. 이는 도시와 농촌의 기능이 다르기 때문이다. 우리는 도시와 농촌의 기능의 차이를 건축물을 통해서도 느낄 수 있다.

건축구조의 발달은 건축물에 대한 인간의 욕망을 충족시키는 데 큰 역할을 했다. 특히 콘크리트는 건축에서 위대한 발명이라 할 수 있다. 그러나 갈수록 거대해지고 수적으로도 방대해지는 콘크리트 건물에 도시를 빼앗긴 것처럼 느껴질 뿐 아니라 스스로를 이방인으로 느끼는 심리가 확산되고 있다. 마치 도시에 성벽이 만들어지고, 이웃 간에 벽이 생기는 느낌을 갖게 되는 것이다.

과거와 현재가 공존하지 않는 도시일수록 이러한 현상은 더 심하게 나타난다. 이러한 심리상태가 사회에 만연해져서 세대 간에도 벽이 생기고, 극단적인 상황으로 번져가는 것이다. 따라서 최근에는 건물로 인해 시야가 차단되지 않고 상황에 따라 시야 확보가 선택될 수 있는 커튼월 건물이 도시형 건물로 주목받고 있다.

도시는 여러 사람의 목적하에 만들어진 공간이다. 주로 이익을 추구하는 조직이 모여서 만든 공간으로, 산업사회의 산물이기도 하다. 과거에 소통을 목적으로 만들어졌던 공간과는 많이 다르지만 소통에 대한 바람이 아직도 사람들의 심리에는 남아 있음을 건축가는 알고 있어야 한다.

오감을 통해
완성되는 공간

　인간의 삶 속에서 만들어낸 발명품은 무궁무진하다. 막대기를 들고 사냥하던 인간이 지금은 지구상에서 천적을 찾아볼 수 없을 만큼 강한 존재가 되었다. 인간이 이렇게 무적의 존재가 된 데 가장 큰 역할을 한 것은 바로 무기다. 환경에 따라 진화한 동물도 많지만, 대부분의 동물들은 타고난 약점과 장점을 그대로 유지하면서 지금까지 살아왔다. 인간 또한 신체적 조건에서는 큰 변화가 없었다. 그렇기 때문에 더 많은 무기를 필요로 했던 것이다. 하지만 더 이상의 적이 존재하지 않을 만큼 모든 생물이 두려워하는 존재로 성장한 인간에게도 약점은 있다. 그것은 바로 심리적인 것이다.

인간의 심리적·정신적인 면은 아무리 과학이 발달하고 최첨단 기술이 뒷받침된다 해도 좌지우지할 수 없는 부분이다. 과학은 인간의 삶을 풍요롭게 했으며, 기계는 인간 행동의 많은 부분을 대신해주고 있다. 반면 인간의 마음은 무엇으로도 대체할 수 없다. 그러나 그렇기 때문에 인간은 더욱 심리적인 부분을 이용하고 제어하려고 시도하는 것이다.

인간의 사회는 복잡하게 얽혀 있지만 사실 그 끝에 존재하는 것은 심리전이다. 이 심리적 요소는 국제적인 언어이며, 인간과 공존할 수밖에 없는 어려운 상대다. 인간의 심리를 활용한 시도는 모든 분야에 깊숙이 침투해 있다. 선진국일수록 이러한 경향은 더 강하게 나타난다. 인간이 꿈꾸는 행복의 결론에는 심리적인 만족이 있어야 하기 때문이다.

과학이 발달하고 인간의 삶이 다양해지면서 만들어진 수많은 발명품이 있다. 건축이 이 발명품 중 하나일까? 건축은 발명품이 아니다. 건축은 인간의 삶에 등장하는 심리적 현상 중의 하나다.

시각적 반응에 따른 공간 인식

우리는 각자 거주하는 공간을 오감을 통해 인식한다. 물론 모든 사람의 공간 인식이 동일하지는 않다. 큰 공간에 사는 사람과 작은 공간에 사는 사람에게 '크다' 또는 '작다'라는 개념은 동일하지 않다. 윌리엄 카우딜(William W. Caudill)은 이를 '실효적 스케일'이라고 말했다. 이 스케일은 고정적이지 않다.

앞 페이지의 그림에서 왼쪽의 사각형과 오른쪽의 원(기둥)이 만들어낸 면적은 동일하다. 그러나 그 공간에 대한 느낌은 분명히 다르다. 동일한 면적이라도 벽으로 둘러싸인 공간과 기둥으로 제한된 영역의 느낌은 많이 다르다. 좁은 공간일수록 벽을 많이 만들지 않고 눈높이에 따라서 간이벽을 두거나 시각적으로 자유로운 유리벽을 두어서 공간에 대한 느낌을 다르게 할 수가 있는데, 이것을 우리는 실효적 스케일이라고 부른다.

주거공간이라 함은 그 사람이 가장 오래 머무는, 또는 익숙한 공간을 의미한다. 인간은 다른 생물체에 비해 학습을 통해 지각하는 능력이 뛰어나고, 의식과 무의식이 크게 작용한다. 따라서 여타 생물체와 달리 반복적인 것에 지루함, 심지어 고통을 느낄 수 있다. 이러한 특성 때문에 사람은 끊임없이 변화를 추구한다. 무채색은 침묵 또는 무한대의 이미지를 갖는다. 그렇기 때문에 심리적인 상태에서 의식과 무의식의 경계에 있다고 할 수 있다. 환자의 심리적 안정을 위해 병원과 같은 성격의 건물에서 공간의 마감색을 다양하게 하지 않고 흰색 계열로 하는 이유가 바로 여기에 있다.

호텔이나 대형 건물 로비의 천장 높이를 일반적인 주거공간과 다르게 만드는 것도 심리적인 이유에서다. 이는 성스러운 공간에서 많이 쓰던 방법으로, 주요 공간으로 들어서기 전 긴장감을 유발해 엄숙한 분위기를 조성하기 위해서다. 이 방법은 특히 공관 같은 건물에 많이 쓰인다. 아이들이 있는 유치원 같은 공간은 다른 어떤 곳보다도 형형색색으로 꾸며져 있다. 이는 색상이 아직 언어가 발달하지 않은 어린아이들의 사물 인식을 돕는 정보 수단이기 때문이다.

청각적 반응에 따른 공간 인식

공간 내의 시각적 요소뿐 아니라 청각적 요소도 심리상태에 많은 영향을 미친다. 정숙을 요하는 공간의 바닥은 카펫이나 소리를 흡수하는 재료로 마감되어 있다. 이는 사실상 그 공간에서 정적인 상태에 있는 사람들보다 동적인 상태에 있는 사람들을 위해서다. 생활하는 공간에서 이러한 배려가 없는 경우 육체보다는 심리적으로 더 불편하다.

거꾸로 호텔 로비를 보면 입구에서 연회장으로 향하는 동선을 제외한 바닥을 소음이 작용하는 재료로 마감한 경우가 많다. 여기에는 그곳을 걸어다니는 사람들에게 소리를 통해 경각심을 불러일으켜서 스스로 정

5-28 | 바닥의 마감재에 따라 달리 나타나는 심리적 반응의 예.

숙한 분위기를 만들게끔 하려는 의도가 담겨 있다.

  사람들은 동일한 공간에서 바닥이 어떤 재료로 마감되었는가에 따라
다른 청각적 반응을 보인다. 한 공간의 마감 재료는 걷는 방식부터 가구
디자인까지 좌우할 만큼 큰 영향을 끼친다.

  [5-28]의 그림들은 나무 바닥, 석재 바닥, 석재 바닥에 카펫을 일부 또
는 전체에 간 것을 보여주고 있다. 걷는 소리를 크게 낼 만큼 자신 있는
사람들도 카펫을 깔아놓으면 좀 더 얌전하게 걷게 되고, 행동이 부드러
워진다.(5-28)

  이렇게 바닥의 재료와 느낌, 그리고 분위기는 공간에 많은 영향을 미
친다. 그래서 단순히 디자인적인 의미뿐 아니라 공간 사용자에게 어떤
영향을 미칠 것인가를 연구한 후 바닥의 재료를 선택하게 된다. 또한 바
닥 재료는 공간의 에너지에 영향을 주기도 한다. 바닥 재료로 열전도가
약하거나 따스한 느낌이 나는 재료를 선택하는 것도 그러한 이유에서다.

│ 질감에 따른 공간 인식

                      벽의 질감과 색깔도 마찬가지다. 특히 사용자와 설
계자의 심리상태가 언제나 동일하지는 않기 때문에, 설계자는 인테리어
를 할 때 사용자가 어떤 느낌을 갖게 될지 충분히 감안해야 한다.

  [5-29]의 그림에서 보면 껄끄럽고 혼탁한 벽면에는 장식도 적다. 이
는 그 질감이 주는 느낌이 인테리어에 영향을 미치기 때문이다. 사람들
은 부드러운 재료와 접촉하고 싶어한다. 한편 유리벽은 다른 질감을 갖
고 있다. 유리는 마치 '핍창(peep window)'과 같은 의미로 벽과 창의 기능

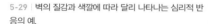

5-29 | 벽의 질감과 색깔에 따라 달리 나타나는 심리적 반응의 예.

모두를 만족해야 한다. 창은 시각적인 기능을 갖고 있고, 벽은 영역을 구분하는 역할을 한다. 벽의 의미는 시각이 더 이상 가지 못하게 차단하는 데 있다. 그래서 벽이 필요하지만 벽을 두고 싶지 않을 때 유리벽을 둔다.

또한 담장의 경우 한국인에게는 역사적인 정서와 전원적인 감성이 담긴 이미지가 떠오르지만, 서양인들에게는 동양적인 분위기에 신비스러운 대상이 되기도 한다. 사람들의 감성은 매우 다양하고 각각의 반응이 의외의 결과를 불러일으킬 수 있기 때문에 가급적이면 객관적인 기준을 만들어놓는 것이 좋다.(5-29)

건축물은 거대한 물질이다. 그러나 그 기능에는 다양한 요소가 내포되어 있으며, 그러한 요소에는 의외로 심리적인 교감을 주고받는 것이 많다. 설계자는 심리적인 부분을 의도적으로 활용하지만, 사용자는 대부분 이를 의식하지 못하고 공간의 지배를 받는다. 다양한 재료가 결합해 하나의 형태를 이루지만, 그것이 어떻게 조합됐느냐에 따라 반응이 다르다.

건축가는 이러한 반응들을 잘 파악해야 한다. 이른바 훌륭한 건축가들이 이러한 반응들을 적절히 받아들여 건축물에 반영하면서 새로운 형태가 만들어지는 것이다.

스케일은 건축에 어떤 영향을 미치는가?

스케일이라는 용어는 각 분야에서 다양하게 쓰이는데, 특히 건축에서는 척도의 의미로 사용된다. 윌리엄 카우델은 스케일을 크게 물리적 스케일, 연상적 스케일, 그리고 실효적 스케일로 구분했다.

먼저 '물리적 스케일'은 어떤 대상과 비교할 수 있거나 치수로 측정할 수 있는 것을 말한다. 일반적으로 건축물을 설계하기 전 계획을 잡을 때 물리적 스케일이 많이 작용한다.

우리는 거대한 넥타이나 책을 본떠 만든 조형물을 보고 그것을 사용할 생각까지 하지는 않는다. 왜냐하면 그것의 실질적인 모양은 알고 있지만 크기는 전혀 다르기 때문이다. 이렇게 변형된 크기를 보고 실제 크기를 연상하는 것을 '연상적 스케일'이라고 말한다. 이 부분에서 우리는 기능이라는 요소를 잠재의식 속에 갖는다.

마지막으로 '실효적 스케일'이 있다. 실효적 스케일에는 심리적인 상태가 많이 작용한다. 즉 동일한 요소라도 상황에 따라서 받아들이는 느낌이 현저하게 다르다. 건축에서는 이러한 상태를 늘 적용한다. 예를 들면 어떤 커다란 공간이 있는데 그 공간을 혼자 사용한다면 넓다고 말하고, 만일 40명이 사용한다면 동일한 공간이라도 분명 비좁게 느껴질 것이다.

이렇듯 조건에 따라서 실질적인 상황이 달라지는 것을 실효적 스케일이라고 부른다. 즉 심리 상태에 따라서 실질적인 스케일과 심리적인 스케일이 다르다는 의미다.

문화 전달자로서의 건축,
건축의 상징을 녹여내는 영화

——— 한 집단의 가치를 반영하는 것이 문화이고, 가장 명확한 형태에 집단의 이상을 적용하는 것이 문화의 최상 과제라면, 건축은 그 과제를 가장 잘 수행하는 분야 중의 하나다. 건축문화의 한 부분으로서 건축물은 추상적인 사고를 명확한 형태로 구현하고, 그 문화의 척도를 만들어내야 할 의무를 갖고 있다. 우리가 건축문화, 또는 건축양식이라 일컫는 것은 공공의 이상을 건축물에 적용한 표현이자, 한 시대를 지배하는 가치관이다. 건축물과 양식 중 무엇이 먼저 생겼는가 하는 질문은 불필요하다. 왜냐하면 인위적 환경으로서 건축물은 이미 하나의 정신적 질서의 표현이며, 그로써 하나의 양식을 갖게 되기 때문이다. 결국 건축과 문화는 한데 어우러져 서로의 영역을 확장시키고 풍부하게 만든다.

또한 대중문화의 중심에 서 있는 영화를 통해 건축의 또 다른 이면을 들여다볼 수 있다. 영화와 건축은 겉보기에는 상반된 것으로 보이나, 근본적인 형식에서는 비슷한 점을 지니고 있다. 영화와 건축은 비록 대상은 다르지만 전 과정을 컨트롤하는 영화감독의 역할이 건축가와 유사하고, 시간의 흐름에 따라 공간적 구성을 형상화하면서 시각과 청각, 그리고 촉각까지 아우르는 공감각적인 부분을 중시하는 것 또한 비슷하다. 그리고 영화 카메라의 움직임은 건물 사용자의 동선과 닮았다. 영화 속에서 건축은 새롭게 태어나고, 영화감독과 건축가는 환상적인 조화를 이루며, 영화와 건축 모두를 한 단계 승화시킨다.

이처럼 문화 수행자 또는 전달자로서의 건축을 들여다보고, 영화와 건축의 접합점을 찾아봄으로써 건축을 보다 폭넓게 이해할 수 있을 것이다.

문화 수행자 또는
전달자로서의 건축

집단의 가치를 반영하는 문화

모든 문화는 한 집단의 가치를 반영한다. 문화의 최상 과제는 명확한 형태에 이러한 이상을 적용하는 것이다. 이는 학문과 예술을 통해 정리되고 구현되기도 하는데, 학문이 강하게 작용하고 무엇보다 사람들의 이해에 호응하는 동안 예술은 감정적이고 감각적이며 비합리적인 부분을 담당한다.

그렇다면 문화의 수행자로서 예술의 근원은 어디에 있을까? 사람이

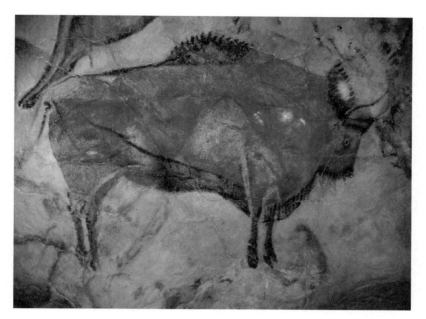

6-1 : 〈알타미라 동굴의 벽화〉, 스페인 칸타브리아, 구석기시대.

표현하고자 하는 것은 먼저 의식 안에서 형성된다. 그것은 점차 그 의식이 기호화하는 사물을 통해 구현되며, 이 마술적인 과정은 새로운 경험에 의해 사라진다. 이때 의식이 구현된 형상은 그 사물의 원천이 된다. 이는 무언가를 표현하는 대변자가 되고, 이로써 하나의 예술적 행위, 즉 예술언어가 형성된다.

아도르노는 "예술은 비인간적인 현실을 인간적인 것으로 만들고자 한다"고 표현했고, 루이스 칸은 "예술은 인간의 유일한 진짜 언어다. 왜냐하면 예술은 인간적인 것이 인식되게 하고자 특정한 방법을 통해 의사전달을 하려는 경향을 띠고 있기 때문이다"[1]라고 말했다.

일단 현재의 사고 속에서, 우리가 알고 있는 과거의 창의적인 전달 수단은 예술이 아니었다. 가령 구석기시대의 동굴벽화는 오래전에 발생한 예술의 명확한 시작 단계였다. 특히 〈알타미라(Altamira) 동굴의 벽화〉는 270미터에 이르는 동굴의 천장과 벽면이 온통 황소와 사슴 등의 동물과 사냥꾼, 사람의 손바닥 그림으로 채워져 있다.(6-1)

당시 사람들에게 자연이란 불확실하며, 위협적인 존재였다. 동굴벽화에 표현된 사냥 장면은 자연을 이해하려는 우선적인 시도였으며, 그와 함께 자연을 지배해보려는 의도가 엿보인다. 즉 벽화는 장식적인 의도로 그려진 게 아니라, 그저 도달하지 못하는 소망에 대한 보상심리를 표현한 것이다. 이는 설화나 신화를 통해 인간 한계를 극복하고자 하는 것과 비슷하다.

오늘날 박물관에 전시된 선사시대의 문화유산들은 현대에 살고 있는 우리의 감각에 적합한 예술작품은 아니다. 이는 당시의 행위를 대변하는 문화의 대상이다.

한 문화의 증인으로 존재하는 건축

인간을 자연으로부터 보호하려는 차원에서가 아니라 그 밖의 다른 의미로 지어진 가장 오래된 건축물은 신전이다. 신전은 예술의 한 분야로서의 건축보다는 당시 사람들의 소망을 나타내는 문화유산으로 구분된다.

이와 같은 맥락에서 오스트리아 건축가 한스 홀라인(Hans Hollein, 1934~)은 현대의 건물이 과거의 신전처럼 여겨질 수 있다고 생각했다. "건축물은 인간의 가장 기본적인 욕구다. 인간을 보호하기 위해 지붕이 얹히는 것으로 시작되는 게 아니라 인간 삶에서 형성된 종교적인 질서

에서 시작되고, 그것이 발달해 도시가 형성되는 것이다. 즉 모든 건축은 의식의 행위다."²

가장 명확한 형태에 집단의 이상을 적용하는 것이 문화의 최상 과제라면, 건축은 그 과제를 가장 잘 수행하는 분야 중의 하나다. 독일 근대 디자

6-2 | 홀라인, 〈하스 하우스(Haas House)〉 오스트리아 빈. 1985~1990.

인 운동의 추진자이자 건축가인 무테지우스는 "건축문명이 있기에 문화도 주장할 수 있다. 만일 한 국가가 단순하게 훌륭한 가구나 조명체(照明體)만을 만들어낸다면 좋은 건축의 등장은 계속적으로 뒤로 물러나게 될 것이다"³라고 말했다.

건축문화의 한 부분으로서 건축물은 추상적인 사고를 명확한 형태로 구현하고, 그 문화의 척도를 만들어내야 할 의무를 갖고 있다. 홀라인은 "건축은 건물을 통해 정신적인 것을 현실적인 것으로 표현하는 것이다"⁴라고 말하기도 했다.(6-2) 물론 건축물이 분명한 목적하에 지어졌음을 나타내지 못하는 경우도 종종 있다. 건축물은 스스로 존재하는 것이 아니기 때문에, 나쁜 인식에서든 좋은 인식에서든 한 문화의 증인으로 남는다.

문화가 발달하면서 개인의 욕구와 공공의 욕구에 대한 비교가 시도되었다. 주로 개인의 욕구를 제한하고 충동을 억제하면서 최대한 긍정적인 결과를 도출하는 것에 기초를 두고 있는데, 이때 억제된 충동을 승화시키는 것은 문화를 계발하는 데 매우 중요한 동인이 된다. 질서가 인간관계를 규칙화한다면, 문화는 시간의 흐름 속에서 변화하는 사회적 가치의 기초를 다진다.

오늘날을 포함해 오랜 시간 동안 종교적 · 사회적 · 정치적인 이상이 건축을 포함한 예술에 반영되었고, 개인적인 이상은 그다지 고려되지 않았다. 일반적으로 우리가 건축문화 또는 건축양식이라 일컫는 것은 공공의 이상을 건축물에 적용한 표현이자, 한 시대를 지배하는 가치관이다.

건축, 시대의 문화를
담아내는 그릇

    로마 시대 이후 유럽에서는 종교건축이 전 세기에 걸쳐 건축사의 실질적인 축이 되었다. 즉 구원의 약속과 그 길을 형상화했으며, 특별한 빛의 사용으로 교회의 내부를 정신화하고 현실화하는 분위기로 만들었다.

    4세기 콘스탄티누스 황제에 의해 로마 제국은 기독교적 기초 위에서 새로운 질서와 함께 시작되었다. 동로마 초기 기독교 건축은 중앙 공간을 기본적인 유형으로, 그리고 서로마는 세로 공간을 기본적인 유형으로 취했다.

    비잔티움이나 동로마 건축의 절정은 콘스탄티노플(지금의 이스탄불)의 〈하

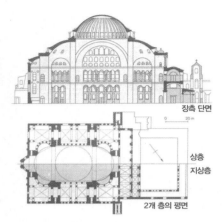

6-3 | 〈하기아 소피아 대성당〉 설계안, 콘스탄티노플, 360.

기아 소피아(Hagia Sopia) 대성당〔현지어로 〈아야 소피아(Aya Sophia) 대성당〉으로 불리며, 1945년부터 〈성 소피아 박물관〉으로 개조되어 사용 중이다〕에서 찾아볼 수 있다. 이 건물의 기본 형식은 이후 이슬람 건축에 지대한 영향을 미쳤다.

〈하기아 소피아 대성당〉의 설계안을 보면 중앙 공간이 좌우 2개의 반구형 돔에 매달린 것처럼 보이도록 만들어졌고, 이와 함께 중앙 공간과 세로 공간이 섞인 것을 알 수 있다. 평면을 보면 가운데에 원이 위치하고, 좌우로 반원이 놓여 있는 형태다. 곧 가운데 원에 좌우의 원이 겹쳐 있는 형태로, 중앙 공간에 주변 공간이 섞이는 공간구조를 보인다.(6-3) 창대

6-4 | 〈하기아 소피아 대성당〉의 내부, 터키 이스탄불, 360.

가 둘러진 중앙 천장의 시각적 분리와 함께 개구부의 도움으로 사각 벽이 분리되면서 공간은 어느 정도 비현실적이고 속세를 초월한 듯 보인다.(6-4) 〈하기아 소피아 대성당〉의 구조적 기능은 그 자체를 목표로 의도된 것은 아니었다. 우선적인 목표는 대지 위에 하늘을 형성하는 것이었다.

르네상스 시대는 종교적인 건축만을 다루지 않은 첫 번째 양식 주

기다. 교회의 건축주인 부유한 상인들이 생겨난 것이다. 이러한 양식은 세속적인 건축물에서도 표현되었다.

피렌체(Firenze)는 르네상스의 요람이었다. 그리고 여기에서 시작된 새로운 발상은 다른 지역으로 전해지기 전 거의 반세기 동안 전개되었다. 중세의 암흑기 이후 고대의 유산을 참조하면서 인간이 다시 중심에 서게 된 것이다. 즉 고대 유산의 크기와 조화가 다시 이상적인 기준이 되었다.

니콜라우스 페브스너(Nikolaus Pevsner)는 이 시기의 양식에 관해 다음과 같이 서술했다. "그들의 관심은 이상적이고 초월적인 것에 있지 않았으며, 오히려 활동적이며 분명한 목적을 두고 번성하는 상업국가의 부흥에 있었다."[5]

중세적인 도시 형태를 아직도 유지하고 있는 현대의 유럽 도시에서 흔하게 볼 수 있는 모습으로, 도시의 입구는 대로를 따라 중앙의 대성당으로 연결되어 있다. 그리고 도시는 그 대성당을 중심으로 발달하는 형태를 취하고 있다. 이는 도시의 상업 · 정치 · 경제 등 모든 것의 중심에 교회가 있음을 나타내는 상징적인 도시구조다.(6-5, 6-6)

이러한 정신은 뉴타임(르네상스) 시대에 접어들면서 공간 형성의 명확성, 논리, 조화, 비례에 기초를 두었다. 공간은 각각의 요소가 기하학의

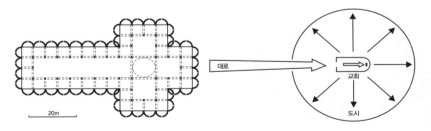

6-5 | 브루넬레스키(Filippo Brunelleschi), 〈산토 스피   6-6 | 도시적 맥락 속의 고딕의 주교성당, 길과 중앙.
리토 성당〉(평면도), 이탈리아 피렌체, 1436.

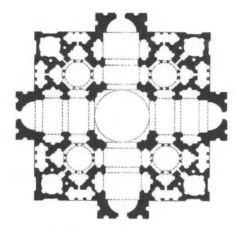

6-7 | 브라만테(Donato Branmante), 〈산 피에트로 대성당〉 재건 설계안, 이탈리아 로마, 1506.

6-8 | 미켈란젤로, 〈라우렌치아나 도서관〉 정면, 이탈리아 피렌체, 1526.

원리에 따라서 형성된 것이다. 건축물은 우주적 질서를 표현하면서, 수학적 지식에 따라 설계되었다. 〈산 피에트로 대성당〉의 평면을 보면 가운데에 공간이 있고, 공간이 각 방향으로 나뉘어 있는 것을 볼 수 있다.(6-7) 이는 그림 〔6-3〕의 평면구조와는 많이 다르다. 〈하기아 소피아 성당〉의 평면은 기독교가 바탕이 되었던 신본주의 시대의 것이고, 〈산 피에트로 대성당〉의 평면은 인간과 자연이 연결된 시대, 즉 인본주의 시대의 것으로 인간의 한계를 나타내는 비상구(입구가 여러 개)가 가미된 것이다.

15세기에 시작된 르네상스의 초기에는 원근법 표현이 있었다. 먼저 평평한 면에 사물을 놓고 실질적으로 어떻게 나타나는지를 표현했다. 그러나 이 표현법은 단지 하나의 시점을 보여줄 뿐이다. 즉 움직임의 요소가 배제된 것이다. 사람의 위치에 따라 사물의 모습도 달라진다는 깨달음은 세로형 공간보다는 중심형 공간이 오히려 르네상스에 가깝다는 것을 명확히 해주었다. 즉 인간 자신이 중심에 서서, 더 이상 영적인 신에 가까워지려는 시도를 하지 않게 되었다.

조화와 균형은 르네상스의 주요 관심사였다. 긴장감과 애매함은 르네상스와 바로크 사이에 있는 매너리즘의 전 단계였다. 16세기에는 자신감과 도덕에 대한 인간의 순박한 믿음은 사라지고, 스스로의 위치에 대한 의심과 불안이 일었다. 매너리즘 시대의 가장 좋은 예의 하나는 미켈란젤로(Michelangelo, 1475~1564)가 설계한, 피렌체 〈라우렌치아나(Laurenziana) 도서관〉 정면이다.(6-8)

〈라우렌치아나 도서관〉 건물을 보면 창의 형태는 있으나 창문이 없고, 단지 틀만 있다는 것을 알 수 있다. 기둥은 틀이 있는 내력벽(耐力壁) 사이에 위치하며, 하중을 받지 않는다. 각 부분의 기능은 의도적으로 불합리하게 조성되어 있으며, 위에서 내려오는 무게는 벽에 전달되기 때문에 기둥은 필요가 없다. 일반적으로 기둥은 내력벽이 없는 곳에 설치한다. 위에서 내려오는 무게를 아래로 전달하는 역할은 기둥이나 내력벽이 하기 때문에 둘 중의 하나만 설치하는 것이 보통이다. 그런데 사진을 보면 기둥이 있는데, 이는 장식용이다.

> **내력벽**
> 건축물에서 지붕의 무게 또는 위층 구조물의 하중을 견디어내거나 힘을 전달하기 위해 만든 건축물의 주요 구조부 중의 하나로 공간을 수직으로 구획하는 벽을 말한다. 단순히 칸을 막기 위해 블록이나 벽돌로 쌓은 벽(장막벽)과 구분되는 벽이다.

양식은 하나의 수단이지
목표가 아니다

양식과 건축의 상호 변화 관계

　　이상·학문·예술의 관계 변화를 통해 양식은 스스로 변화한다. 1875년 오토 바그너는 "모든 새로운 양식은 이전 것에서부터 새로운 구조, 새로운 재료, 새로운 인간적 의무와 의견이 새로운 모양이나 변경을 요구하면서 점차 생성된다"라고 말했다.

　19세기는 산업화 시기였다. 산업혁명을 기점으로 사회적으로 새로운 변화가 나타나기 시작했으나 그 변화는 이미 그전에 준비되어 있었다.

당시 기술에 대한 신뢰는 감각의 영역에 합리적인 사고를 구축하면서 생긴 것이었다. 이것은 건축에도 적용되어 새로운 양식이 만들어졌다. 19세기와 20세기를 통과하면서 건축을 포함한 예술운동이 마치 봇물이 쏟아지듯 시작되었으며, 그것이 현대건축의 바탕이 되었다.

점차 향상되는 기술로 인한 속도와 과학에 대한 믿음은 20세기에 들어와서 큰 획을 그었다. 그러나 세기말에 접어들면서 그 기대는 합리적 가치에 저항하기 시작했다. '꽃의 힘(Flower-Power)' 같은 문화 세력, '전쟁이 아닌 사랑을 만들어라(Make Love not War)'와 같은 표어들이 이러한 경향을 대표하는 것이다. 이는 비합리적이고 기호화된 가치에 대한 염원이다. 그러한 가치관의 변화와 함께 건축양식에도 변화가 생겼다. 즉 모던이 포스트모던에 의해 해체되는 상황이 온 것이다. 흥미가 감정적으로 계속되고, 이것이 반영되는 상황은 세계적으로 예술박물관 건축의 전성기를 불러왔다. 무엇이 옳은가 하는 의문은 그 자체로 기존의 양식에 저항했던 과거를 증거해준다.

"건축예술은 더 이상 양식적으로 나타낼 수 없다. 루이(Louis) 14, 15세 시대, 그리고 16세기의 양식 또는 고딕 양식은 단지 부인의 머리에 달린 깃털과 같은 건축을 위한 양식일 뿐이다. 때론 아주 아름답지만 언제나 그런 것은 아니며, 또는 전혀 아닐 수도 있다."[6] 이 말은 무엇을 의미하는가? 부인의 머리에 달린 깃털은 마음이 변하면 떼어낼 수 있는, 매우 임시적인 것이다. 즉 양식은 임시방편일 뿐 영원하지 않으며, 때로는 아름다움과 관련해 어떠한 느낌도 주지 않을 수 있다.

건축물과 양식 중 무엇이 먼저 생겼는가 하는 질문은 불필요하다. 왜냐하면 인위적 환경으로서 건축물은 이미 하나의 정신적 질서의 표현이며, 그로써 하나의 양식을 갖기 때문이다. 루이스 칸은 "인간의 정신은 위대한 양식 속에서 기적의 결정체인 건축물을 만들어냈다"고 말했다. 양식은 명확한 가치에 부응하는 최상의 형태를 추구하는 과정에서 생겨난다.

그러나 종종 단순히 복제만 하거나 무리하게 양식을 적용해서 한심한 결과를 이끌어내는 경우도 있다. 라이트는 이에 관해 이렇게 말했다. "양식은 우리가 말하는 것처럼 위대한 양식에 아무런 기여도 하지 않는다. 양식들은 여기저기서 갈가리 분해되고, 여러 곳으로 흩어진다. 사실상 양식적인 요소가 적을수록 더 양식적이다."[7] 양식은 하나의 수단일 뿐 반드시 따라야 하는 부담이 되어선 안 된다.

양식을 통해 나타나는 정신적 · 문화적 의도

서구사회에서 양식은 정기적으로 변화했다. 그 배열 시스템은 싫증이 난 후에 다시 단순성으로 돌아가기 위해 간단한 것에서 복잡한 것으로 개발되었다. 이러한 극단적이고 빈번한 변화는 서양예술 영역에서만 발견할 수 있다. 중국이나 일본에서는 양식의 변화가 매우 느리게 나타났다. 일본건축에서 극단적인 변화가 발견되기도 하지만, 그 전환점은 유럽건축과는 사뭇 다르다. 놀랍게도 그 전환점은 장기간 개발의 시작 또는 끝에 놓인 것이 아니라 부분적으로, 동시대에 발견된다. 좋은 예로 도쿄(東京) 북쪽에 위치한 닛코(日光) 〈도쇼구(東照宮)〉와 교토(京都)의 〈가쓰라 별궁(桂離宮)〉을 들 수 있다.(6-9, 6-10)

두 건물은 17세기 초에 완성되었다. 〈도쇼구〉는 쇼군 도쿠가와 이에야스(德川家康) 사후 그의 유언에 따라 지어졌고, 〈가쓰라 별궁〉은 황제 가

6-9 | 〈도쇼구〉 사원의 입구, 일본 닛코, 17세기.　　6-10 | 〈가쓰라 별궁〉, 일본 교토, 17세기.

문의 왕자를 위해 지은 것이다. 〈도쇼구〉에서는 붉은색, 녹색, 청색, 검은색, 흰색 등 다양한 색깔 위에 금색을 덧칠한 건축물을 발견할 수 있는데, 이를 일본의 바로크 양식으로 간주하기도 한다.

〈가쓰라 별궁〉은 커다란 정원 한가운데 위치해 있다. 이는 당시 일반적이었던 쇼인(書院) 양식으로 지어진 것이다. 장식의 종류는 다양하지 않으며, 전체적으로 간단한 조화를 이루고 있다. 목조구조에 적용된 엄격한 기하학이 종이로 된 미닫이문의 흰 면을 두드러져 보이게 한다.

두 건물은 당시 유행했던 통상적인 양식을 드러낸다. 하나는 묘지이자 사원이고, 다른 하나는 관저다. 두 건물의 큰 차이는 외부로 드러나는 분위기다. 하나는 화려하게 과장되었고, 다른 하나는 소박하고 단순하다. 같은 시대에 지어진 두 건물의 양식이 확연히 다른 이유를 이해하기 위해서는 그 당시의 정치 상황을 알아야 한다.

당시 국가원수이자 '신토(神土)'의 대제사장인 황제는 교토에 거주했으며, 군권에 대한 행사는 하지 않았다. 쇼군이 에도(江戸, 지금의 도쿄)에서 막강한 권력을 등에 업고 나라를 통치하는 동안, 황제 가문은 종교 행사나 문화적 삶을 주도했다. 이러한 권력의 이원화가 〈도쇼구〉와 〈가쓰라 별궁〉 사이에 차이를 만들었다. 쇼군이 자신의 권력을 화려함과 색채로

과시하려 했다면, 〈가쓰라 별궁〉은 자연 속에 자리 잡고 자연과 조화를 이루었다. 〈가쓰라 별궁〉의 주인인 도시히토(智仁) 왕자는 유명한 시인이자 다도가였다. 왕자의 정원은 아무것도 드러내지 않고, 정신적이고 문화적인 무언가를 연출하려 했다. 이 두 양식은 동시대에 공존하면서 2개의 정신적·문화적인 의도를 드러내고 있다.

건축양식에 발전을 가져오는 정치적 변화

사람은 스트레스를 받을 경우 지적인 것보다는 감각적인 것에 더 반응한다. 이에 따라 사람은 지적인 논증보다는 감각적으로 강조된 논증에 더 능숙해진다. 이른바 세뇌가 되는 것이다. 스트레

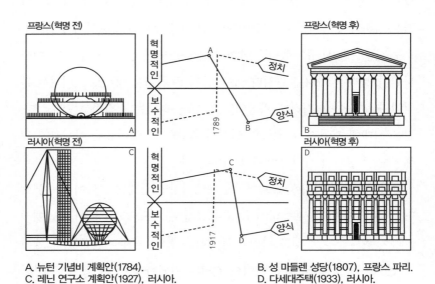

A. 뉴턴 기념비 계획안(1784).
C. 레닌 연구소 계획안(1927), 러시아.
B. 성 마들렌 성당(1807), 프랑스 파리.
D. 다세대주택(1933), 러시아.

6-11 | 포크트가 정리한 프랑스와 러시아 혁명 전후 양식의 발전.

스를 받는 동안 자신의 판단 기능이 아직 감정적인 논증의 근원 위에서 기능할 때까지 어떤 희생물을 갖는다.

양식의 발전이 정치적·경제적인 흐름 속에서 직접적으로 영향을 받을 수 있고, 이 영향이 반복되는 과정에서 건축양식의 발전이 반복된다는 것을, 아돌프 막스 포크트(Adolf Max Vogt)가 증명해 보였다.(6-11)

그림 (6-11)을 보면 프랑스 혁명(1789)과 러시아 혁명(1917) 당시, 그리고 그 후에 양식의 발전이 있었음을 알 수 있다. 러시아에서는 혁명 전 기하학적이고 구조적인 건축물로 자리를 잡았던 것이, 혁명 기간과 혁명 후에 고전 양식으로 변화하는 추세를 보인다. 단번에 알 수 있듯이, 놀랍게도 건축양식이 정치적 변동처럼 정확히 방향을 바꾸었다. 즉 이전의 혁명적인 건축양식들이 보수적인 양식으로 변해간 것이다.

포크트는 변화의 방향을 형용사를 사용해 나타냈는데, 고전을 '따뜻한', '부드러운', '무거운'으로, 혁명적인 것을 '추운', '딱딱한', '가벼운'으로 표현했다. 예를 들어 혁명적인 건축물로서 혁명 10년 후 지어진 모스크바 레닌 계획안은 가벼운 것으로 나타냈다. 즉 구가 떠 있는 것으로 나타냈으며, 볼륨과의 관계에서 접촉면을 상대적으로 작게 표현했다.

그런데 혁명 후 16년이 지난 건축물에 해당하는 다세대주택에서는 고전적인 양식을 바닥에 놓여 있게, 무게감 있게 표현했다. 혁명 후에 새로운 정치권력이 안정되면서 이에 대한 시각적인 표현이 필요했던 것이다. 무게감 있고, 건물이 공중에 떠 있어 보이지 않게 하는 것도 건축적인 양식을 사용해 표현했는데, 이는 고전적인 양식에 존재하지 않는, 전혀 다른 건축물의 외관을 시도한 것이다. 혁명 후에는 프랑스나 러시아 어느 곳에서도 혁명 이전의 건축물이 거의 주도되지 않았다. 즉 고전적인 양식을 사용하지 않고도 안정적인 형태를 만들 수 있음을 알게 된 것이다.

한국 전통건축의 울,
내부와 외부를 이어주다

각 나라마다 고유의 전통양식이 있다

국제양식이 주를 이루기 전 각 나라는 고유의 전통
양식을 고수하고 있었다. 이는 오랜 전통에서 오는 삶의 습관이기도 하
지만 그 지역이 주는 여러 가지 혜택이 있었기 때문이다. 이러한 혜택은
개인의 취향보다는 지역적인 성격이 강했다. 그리고 지역적인 영향은
자연적인 것도 있지만 건축재료를 구하는 데 용이한 탓도 있다. 기술이
발달하지 않았던 시대에 사람들은 경험을 바탕으로 대부분의 문제를 해

결했다. 특히 집을 짓는 데 필요한 재료를 구하는 행위는 가장 중요한 요소였다.

이집트 건축에서는 사암을 많이 사용했는데, 사암이 갖고 있는 장점이 많아서라기보다는 그것이 사막에서 가장 구하기 쉬운 재료였기 때문이다. 그리스 건축은 어느 나라보다도 조각이 섬세하고 뚜렷하다. 그들의 타고난 조각술이 다른 민족보다 뛰어나서라기보다는 가장 구하기 쉬웠던 재료가 대리석이었기 때문에 오랜 세월을 거쳐 숙련된 것이다.

고대의 어느 나라에서도 시도하지 않았던 큰 공간을 얻기 위해 로마는 아치를 만들고, 돔을 만들었다. 이 큰 공간을 얻는 데 일등공신은 벽돌이다. 로마인들은 벽돌을 쌓아서 대부분의 건축물을 가능하게 했다. 로마인들의 능력이 다른 나라 국민들보다 월등해서였을까? 이 또한 벽돌을 손쉽게 구할 수 있는 환경이 있었기 때문이다. 화산이 많았던 로마에는 어느 나라보다도 화산재가 풍부했다. 대리석과 사암이 많지 않았기에 일찍이 이 화산재로 벽돌을 구울 수 있다는 것을 깨달았다.

이렇듯 풍토에 어울리는 건축물을 만드는 데 그 지역의 재료는 중요한 역할을 한다. 건축가 라이트도 건축물을 설계할 때 그 지역의 재료를 사용했다. 이것이 바로 신토불이(身土不二)의 취지다. 그리고 그 지역의 특성에 맞게 건축물을 만드는 것은 너무도 당연한 일이다. 중동처럼 더운 나라에서는 햇빛을 가능한 한 반사시키는 것이 중요하다. 그래서 그 지역 사람들은 빛을 반사하는 흰색을 주로 사용했고, 공간의 온도를 낮추려고 지붕을 높게 만들었다. 눈이 많이 오는 지방은 지붕의 경사를 가파르게 하여 눈 쌓인 지붕의 하중을 줄이는 방안을 고안하고, 바람이 많이 부는 지방은 지붕에 돌을 얹어 바람에 날리는 것을 방지한다.

모든 지역의 전통적인 건축물은 그 형태가 있게 된 데 다 이유가 있다.

이는 건축물의 기본적인 목적인 자연으로부터 인간을 보호하려는 의도에서 비롯되었다. 그런데 비단 건축물만 그 지역의 환경에 적응하며 역사 속에서 변화를 꾀하고 있었던 것일까? 인간도 마찬가지다. 더운 지방에서 오래 산 사람은 그렇지 않은 사람보다 추위를 더 느낀다. 몸도 환경에 적응하기 때문이다.

따라서 다른 나라의 건축물은 하찮은 것이고 우리 건축만이 독보적인 존재라고 말하는 것은 바람직하지 않다. 다만 우리 건축이 우리 환경에 적절하고 우리 신체에(여기서 신체라 함은 단지 몸만을 말하는 것이 아니라 심리적인 상태도 의미한다) 적응하기 쉬운 형태로 지속적으로 발전해왔다는 것을 기억할 필요가 있다. 우리는 다른 나라와 달리 뚜렷한 4계절을 보이는 자연환경을 가지고 있다. 4계절이 순환되는 과정 속에서는 한 계절이 끝나면 다음 계절을 맞아야 한다. 이를 통해 자연에 대한 순응을 배우는 것이다.

모든 전통건축물은 그것이 어느 나라 것이든 다 의미가 있고 아름답다. 오랜 세월을 통과하면서 만들어온 절제된 양식이기 때문이다.

한국 전통건축에서 울의 의미

현재 우리나라의 건축물은 크게 한국식과 서양식으로 구분해볼 수 있다. 이 두 형식에서 가장 큰 차이가 있다면 바로 '울'의 존재 유무다. 그렇다면 울이란 무엇인가? 원래 '울'은 '울타리'의 줄임말로 풀이나 나무 따위를 얽거나 엮어서 담 대신에 경계를 지어 막는 물건을 뜻한다. 울타리는 차단하고 경계를 만든다는 부정적인 의미도 갖지

만, 울은 이보다 긍정적인 이
미지를 갖고 있다.

6-12 | 울을 포함한 한국 전통가옥.

　서양에는 울이 없고 벽이
있다. 하지만 한국 전통건축
에는 울이 있다.(6-12) 서양은
자연과 인간을 파악할 때 서
로 대립하는 관계로 간주한
다. 이것이 바로 그들에게 울
이 없는 이유다. 서양에는 인

간·자연·신의 삼각관계가 존재하지만 우리에게는 자연과 신이 하나
다. 우리는 자연을 파괴하지 않고, 자연 속에 남은 영역을 공유하는 콘셉
트로 전통가옥을 만들어왔다. 이 표현이 바로 내부를 갖지 않고 외부를
막지 않는다는 의미의 울이다. 울은 인간의 영역도 되고, 자연의 영역도
되는 공존의 완충영역이다. 그리고 이것이 한국 전통가옥의 시작이다.

　그런데 현재 우리 건축에서 가장 안타까운 부분은 바로 울이 사라지고
있다는 것이다. 울은 중국과 일본에도 없다. 즉 우리 고유의 것이다.

　벽은 시야가 더 이상 가지 못하게 막는 요소지만 우리의 생활에는 벽
보다 울이 먼저였다. 이것이 우리 삶이며, 우리 고유의 요소다. 울은 일
종의 매개체이자 공동의 의식이며, 너와 나를 잇는 '우리'의 영역이었다.

　우리 전통건축에는 이 울의 의미가 곳곳에 존재한다. 이를 '전이영역
(轉移領域)' 또는 '전이공간(轉移空間)'이라고도 하는데, 한편으로 '상반된
영역'을 연결해주는 공간이라고 볼 수 있다. 이 영역은 누구에게도 속하
지 않으면서 모두에게 속한다. 울은 단순히 영역표시 기능이 있는 것으
로 일차적인 전이영역이다. 울은 존재하면서 존재하지 않는 요소다. 담

은 시각을 차단하지만 울은 영역만 표시할 뿐 시야를 가리지 않는다. 이는 한국의 철학과도 일맥상통한다. 우리 건축의 얼이 바로 이 울에 담겨 있는 것이다.

현재 한국 전통건축은 세세한 부재에는 신경을 쓰면서도, 이 바탕을 이루는 큰 틀을 잊는 경향이 있다. 하지만 우리의 전통건축 자체가 바로 이 울이라는 콘셉트로 만들어졌다는 사실을 잊지 말아야 한다.

한국 전통건축의 평면은 울에서 시작해야 한다. 그렇지 않으면 한국의 전통건축을 모르는 것이나 마찬가지다. 전통건축에 접근할 때 울을 빼고 작업하는 것을 보았는데, 이는 전통건축을 단순히 기술자 혼자서 다루는 것과 같다. 건축을 기술적인 관점에서만 보는 것일 뿐 진정한 이해가 아니다. 이것이 뛰어난 한국 전통건축을 발전시키지 못하는 한 원인이다.

인위적인 공간을 부각시키지 않는 공간 인식

울을 거쳐서 안으로 들어가면 단이 나오고, 단 위에 가옥이 놓여 있다. 이 단의 의미는 상당히 크다. 단은 대지와 하늘 사이에 있는 완충영역으로서 신성한 건물에는 세계 어느 나라에나 공통으로 존재한다. 특히 신전에는 동서를 막론하고 단이 존재한다. 그런데 우리 전통가옥에서는 서양과 다르게 민간주택에도 이러한 영역이 존재한다. 이는 자연에 대한 겸손한 마음을 표현한 것으로, 하늘(신)과 땅(인간)이 직접적으로 만나는 것을 방지하는 것이다.

단을 지나면 마루가 나온다. 마루는 공간 간의 완충영역이다. 우리의

국민성은 취하는 것이 아니라 공
유와 나눔이었다. 이것이 공간에
그대로 나타난 것이다. 방(내부)에
서 문을 열면 마루(외부)다. 마루
(내부)를 내려오면 단(외부)이다.
단(내부)을 내려오면 마당(외부)이
다. 마당(내부)을 나서면 골목(외

6-13 | 울·단·마루가 있는 전통한옥.

부)이다. 이렇게 우리의 전통가옥은 내부와 외부를 번갈아가면서 공유
하는 전이의 연속이었다. 이러한 공간의 성격은 세계 어느 곳에도 없다.
단지 우리의 전통가옥만의 외부를 맞이하는 방식이며, 내부를 보여주는
방식이다. 심지어 툇마루도 경우에 따라 그 방식과 형태의 차이점을 보
이면서 구성되어 있다.(6-13)

그러나 단순히 형태와 구성에만 우리의 전통가옥을 짓는 의미를 둔다
면 진정한 전통가옥은 계속 퇴보할 것이다. 공간의 성격을 먼저 이해해
야 한다. 우리 전통가옥 내에 공간은 존재하지 않는다. 자연으로부터의
보호라는 가장 기본적인 건축물의 역할 때문에 그 형태를 만들었지만,
조상들은 인위적인 공간의 존재를 부각시키지 않으려는 노력을 곳곳에
서 보였다. 그중 하나가 바로 개구부(집의 창문, 출입문이나 환기구 등)다.

우리의 건축물은 다른 나라와 마찬가지로 지역적인 토양에서 그 재료
를 얻었다. 그러나 우리 전통가옥은 지역에서 얻은 건축재료뿐 아니라
그 지역의 자연도 건축물에 담으려고 노력했다. 그래서 작은 규모의 나
라임에도 불구하고 각 지방의 평면 형태가 서로 다르다. 사방을 폐쇄적
으로 차단한 서양의 건축물에 비해 우리의 건축물은 동서남북이 연결된
공간구조를 갖고 있다. 개구부를 열면 시각적인 자유로움이 추가돼 자

연의 일부가 된다. 단 위에 건축물이 올라선 이유에는, 완충영역으로서의 의미도 있지만, 울의 높이를 감안해 개구부를 열었을 때 바람의 흐름을 원활하게 하려는 의도가 깔려 있다.

또한 집의 바닥을 높여 목조가 갖고 있는 단점을 최대한 보완하기 위한 지혜로서 마룻바닥을 띄워 통풍의 원활함을 더했다. 우리 전통가옥은 바람을 품고 있는 건물이다. 이것이 전통가옥이 오랜 역사 속에서 버텨온 힘이다. 좌와 우가 합쳐지고, 좌가 우가 되고, 우가 좌가 되는 공간구조를 우리 전통가옥은 갖고 있다.

한국 전통건축과 서양건축의 유사점과 차이점

역사 속에서 지위고하에 따라 건축물을 달리 표현하는 일은 다른 나라에도 존재했다. 예를 들면 일반 평민들이 집을 지을 때 원형 기둥을 쓰지 못하고 사각 기둥만 쓸 수 있다는 것은, 신분의 차이를 표시한다고 생각할 수도 있지만, 사실상 건축 작업을 용이하게 하려는 배려로도 볼 수 있다. 원형 기둥에 나타나는 민흘림기둥이 일반 평민들에게 가능했다면 아마도 건축 작업이 무척 힘들었을 것이다.

민흘림기둥과 배흘림기둥은 이러한 이유와 더불어 보는 사람으로 하여금 심리적 안정감을 느끼게 하기 위해 배려한 것임을 알 수 있다. 기둥의 아래를 두껍게 해 안정감을 주거나, 기

민흘림기둥
기둥 두께가 위로 갈수록 좁아지는 형태로 시각적 안정감을 준다.

배흘림기둥
기둥의 중간이 굵고 밑이나 위로 가면서 점차 가는 모양을 한 기둥으로, 상중하 같은 두께로 했을 때 기둥의 중간 부분이 윗부분이나 아랫부분보다 가늘어 보이는 착시현상을 교정해주는 건축기법이다.

둥의 중간 부분이 가늘어 보이는 착시현상을 교정하고자 노력한 결과물인 것이다.(6-14) 이것은 그리스 신전에서 비례관계를 엄중하게 맞춘 이유와 비슷하다. 기둥의 전체적인 형태가 좌우로 휘어져 보이는 것을 방지하고자 한 그리스 건축과 콘셉트가 유사한 것이다.

어느 나라에나 전통건축이 존재하고, 그 존재에는 귀한 가치가 있음을 역사는 입증했다. 그러나 가끔 국수주의에 빠져 자기 것만 뛰어나다고 주장하게 되는데, 서로의 소중함을 먼저 인정하고 그 과정에서 차이점을 부각시키는 것이 중요하다.

우리 건축의 구성요소에 공포(栱包)라는 부재가 있다. 공포는 기둥과 상단부를 연결해 하중을 밑으로 전달하는 연결부위로서, 다포식(多包式), 주심포(柱心包), 그리고 익공식(翼工式)이 있는데 그 형태가 다양하고 기능도 각기 다르다.(6-15)

그러나 이러한 부재는 서양건축에도 있다. 서로 형태만 다를 뿐 기능적인 역할과 위치는 거의 같다. 그리스 건축에서 주두(柱頭) 부분에 특징을 보이는 도리아식 기둥, 이오니아식 기둥, 코린트식 기둥이 바

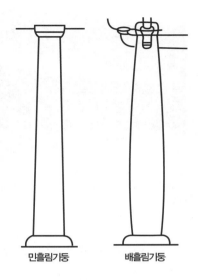

민흘림기둥　　　　배흘림기둥

6-14 | 민흘림기둥과 배흘림기둥.

다포식
공포를 기둥의 위쪽뿐만 아니라 기둥과 기둥 사이의 공간에도 짜 올리는 방식, 조선시대.

주심포
처마의 무게를 고루 나누어서 받도록, 기둥머리 바로 위에 여러 개의 나무 쪽을 짜맞추어 올린 구조, 고려시대.

익공식
기둥 위와 기둥 사이에 공포를 짜 올리는 것이 아니라, 주두 밑에 새의 날개 모양의 조각을 한 익공이라는 부재를 끼워서 만든 형태.

6-15 | 〈부석사 무량수전〉, 경북 영주시 봉황산. 13세기 건축물로 추정. 앞면 5칸, 옆면 3칸으로 팔작지붕이고, 배흘림기둥이 받치고 있으며, 공포는 주심포 양식으로 되어 있다.

로 그것이다.

굳이 우리의 전통건축을 서양 것 앞에 두고 자랑할 필요는 없다. 우리의 건축술이 그들과 비교될 이유는 없기 때문이다. 우리의 장인들이 서양 기술자에 전혀 뒤지지 않음을 나타낼 뿐인 것이다.

그런데 이러한 기술적인 부분은 숙련에서 비롯된 영역이라 치더라도 우리 전통건축이 미세한 차이로 섬세함을 보여주는 경우가 많다. 예를 들면 처마가 있다. 처마는 동양 고유의 전통기술이다. 서양에는 이러한 방법이 존재하지 않으며, 이것을 단순히 건축양식으로 치부하기에는 그 속에 담긴 의미가 아주 크다. 처마는 울의 연속이다. 곧 전이공간인 마루와 마당, 그리고 단과 같은 것으로 상반된 영역이 공존하는 곳이다.

앞서 말했듯, 서양에 이러한 처마의 개념을 도입한 건축가가 바로 현대건축의 아버지 프랭크 로이드 라이트다. 그는 서양에 존재하지 않는 처마의 의미를 깨닫고 〈로비 하우스〉와 〈낙수장〉 등에 그 이미지를 표현했다.(그림 [5-10] 참조) 새로운 것을 필요로 하던 근대 서양에 동양의 처마는 신선한 것이었다. 라이트가 모델로 삼은 것은 일본의 처마였지만 우리의 처마는 그보다 기능성이 더 뛰어나다.

우리의 처마는 바로 버선의 코를 닮았다.(6-16) 일본의 처마는 일직선으로 뻗어 있지만 우리의 처마는 공포의 형태에 따라 그 형태를 달리할

수 있다. 이 작은 차이가 공간을 다르게 만
들었던 것이다. 차단할 빛은 차단하고, 받
아야 할 빛은 받아내는 지혜가 바로 우리
의 처마 안에 있었다. 그리고 버선의 곡선
을 닮은 그 섬세함은 지금도 이상적인 흐
름으로 평가받는다.

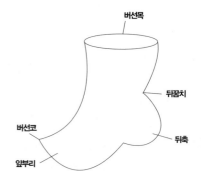

6-16 | 버선의 구조

　어느 나라든 전통가옥을 단순히 건축물
로만 보기에는 그 안에 담긴 내용이 너무
숭고하다. 우리의 전통건축이 위대하듯이 다른 나라의 전통건축도 위대
하다. 그러나 이러한 일반론적인 생각보다는 왜 우리의 전통건축이 뛰
어난지에 대한 검토가 필요하다. 우리 조상들은 자연을 파괴하지 않고,
있는 그대로의 대지에 건축했다. 그 이유를 우리는 알아야 한다. 전통가
옥은 여기서부터 시작하기 때문이다. 초석에 기둥을 놓을 때 못생긴 초
석을 버리지 않고 그랭이질을 했던 그 마음을 우리는 깨달아야 한다.

라이트는 왜 처마지붕을 만들었을까?

프랭크 로이드 라이트의 〈로비 하우스〉는 초원주택을 이상적으로
표현한 건축물의 하나다.(6-17) 이 시기 라이트의 초원주택의 특징은
지면을 끌어안듯이 팔을 벌리고 있는 형상을 캔틸레버(cantilever, 한
쪽 끝만 고정되어 있고 다른 쪽은 받쳐지지 않은 보로서, 건물의 처마나 베란다
등에 많이 이용된다)의 사용으로 표현한 것이다. 이전의 그의 건축은 대
부분 좌우대칭으로서 중세건축의 범주에서 크게 벗어나지 않았다.
그것은 유럽건축에서 흔히 보이던 형태로 미국식이라고 단정짓기
어려웠다.

그러나 1900년도 초부터 그는 미국 주거건축의 대표적인 형태를 제
시하기 시작했다. 미국의 광활한 초원을 연상시키는 지평선의 강조
는 특히 이목을 끌었다. 초원을 그리워하는 미국인들에게 공간적이
며, 운동적이고, 역학적인 미국식 건축물을 선사한 것이다. 어디에서
든 움직일 수 있는 자
유, 그것은 밀집된 유
럽건축과 비교했을 때
미국의 정신을 그대로
반영한 것이다.

미스 반 데어 로에가
수직선을 강조했다면,

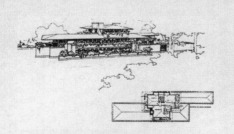

6-17 | 라이트, 〈로비 하우스〉의 스케치와 평면도.

라이트의 형태는 지평선을 강조했다. 일본건축에서 나타난 처마의
연장처럼 라이트의 건축은 나지막한 날개지붕으로 뒤덮으면서 공간

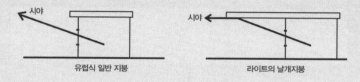

6-18 | 날개지붕과 시각의 방향.

을 형성한다. 이 날개지붕은 시야가 공중으로 분산되는 것을 막고, 시야의 끝을 지평선으로 인도한다.(6-18)

이렇듯 날개지붕을 만들면 그 공간은 내부에서는 상호 연관되며, 외부는 초원 풍경으로 통하게 된다. 널찍하고 평평한 날개지붕은 모두 주택의 중심부에서 이어나가고, 창에서 더 뻗은 캔틸레버의 차양은 시선을 멀리 지평선까지 펼쳐진 변경으로 이끌어간다.

라이트는 각 방향 날개지붕의 길이와 높이를 다르게, 드라마틱하게 연출하여 잇따라 변화하는 전망이 눈앞에 펼쳐지게 했다. 건물의 내부와 외부를 돌면서 생각지도 못했던 광원(光源)을 구석에서 발견하기도 하고, 바깥경치가 나타났다 사라지기도 하며, 천장 높이에 따라서 다양한 공간을 경험하게 한다.

날개지붕의 길이와 높이에 따라서 공간의 경험을 다르게 한다는 것은 공간의 연속성을 마치 일본건축의 베란다와 같이 느끼게 하고자 함이었다. 이는 곧 내부 공간이 시각적으로 주변의 풍경에 융화하는 것을 도와준다.

문화적 · 상징적 기호언어가
깃든 건축

건축에서 기호언어가 가지는 상징적 의미

        탄생과 죽음 사이의 장소로서 주거지는 언제나 상징적 의미를 갖는다. 그중에서도 지붕은 가장 특별한 의미를 지녔다. 최초의 건물에는 단 하나의 지붕 양식이 있었는데, 단순한 보호 기능만을 갖추고 있었다. 경사지붕(박공지붕)을 택할 것인가, 아니면 평지붕을 택할 것인가 하는 논쟁은 오늘날에도 끊이지 않는다. 그러나 사실 이는 감정적인 물음이다.

경사지붕은 한국과 중국, 일본 등
에서 다양한 형태로 발견된다. 경사
의 각도에서 다소 차이를 보이지만,
대부분의 전통가옥이 경사지붕으로
되어 있다. 원래 집을 뜻하는 한자
'사(舍)'는 사각의 공간 위에 경사지
붕을 표현한 것이다. 또 '만남'의 뜻

집의 의미인 '사'　　　　사람이 만난다는 의미인 '합'

6-19 ┃ 사각의 공간 위에 놓인 지붕을 갖고 있는 문자.

으로 쓰이는 한자 '합(合)'은 경사지붕을 얹은 집의 형태와 비슷하다. 주
거 · 보호 · 안전이라는 상징적인 의미는 경사지붕과 아주 밀접한 관계를
갖는다.(6-19)

경사지붕의 형태는 구조적이고, 기능적인 조건에 따른다. 기후와 관련
되기 때문에 지붕면이 경사지게 놓여 물이 흐를 수 있어야 한다. 경사지
붕은 처음에는 이러한 목적으로 만들어졌지만, 이후 지붕 아래 다락과
같은 공간을 조성하면서 물건을 보관하는 기능이 추가되었다.

19세기에 작업장과 주거지가 분리되면서 지붕공간에는 창고의 기능
만이 남게 되었다. 새로운 건축재료와 기술이 평지붕의 보호 기능을 보
완하면서 건축가들은 경사지붕 대신 평지붕을 선호하기 시작했다. 르
코르뷔지에는 1926년 평지붕과 관련해 '근대건축의 5원칙'을 정리했는
데, 이를 통해 새로운 면적에 관한 개념이 도출되었다. 그는 가장 먼저
평지붕을 테라스, 또는 정원처럼 사용할 것을 제시했다.

"지붕정원에는 풍성한 식물이 자라고, 지속적인 관리를 필요로 하지
않는 나무, 즉 3~4미터 정도의 작은 나무가 심어졌다. 이러한 방법으로
지붕정원은 그 건물의 우대받는 장소가 되었다. 일반적으로 지붕정원은
도시에 지어진 전체적인 건축면적을 다시 얻는 것을 의미한다."[8]

지붕 형태의 합리적인 변화로 인해 건축가는 최신 기술의 장점을 잘 적용할 수 있었다. 이러한 이유로 평지붕은 무난하게 받아들여졌지만, 대신 상징적인 기호로서의 지붕의 의미는 사라져버렸다. 사람들이 지붕에 부여했던 정신적·문화적인 의미는 새로운 형태에서는 더 이상 찾아볼 수 없게 되었다.

한 양식의 변화는 단지 형태의 변화에만 국한된 것은 아니다. 이와 함께 변화하는 기호언어도 새롭게 이해되어야 한다. 기술시대의 건축에서 부족한 부분이 바로 이것이다. 기호언어의 제1과제는 그것을 보는 사람에게 무언가를 전달하는 것인데, 이러한 과제는 20세기 건축에 잘 적용되지 못했다.

즉 건축물은 새로운 기술에 잘 적응했지만 이것을 감정적으로 소화하진 못했다. 이와 함께 지적인 것과 감정적인 것이 분리되었다. 근대 이전의 건축 형태는 기술적인 면에서 큰 변화를 보이지 않았다. 주로 석재를 이용한 기술은 오히려 장식이 주를 이루는 감성적인 부분이 강했다. 그러나 근대에 들어와 유리와 철에 의한 주물 생산이 주를 이루면서 기술에 대한 자신감은 장식을 배제하고 기술적인 면을 부각시켰다. 이로 인해 아츠 앤 크래프츠 운동이 일어나고, 무테지우스와 반 데 벨데의 대립이 생긴 것이다.

20세기에 들어 문화적·상징적인 기호언어는 건축에서 더 이상 의미를 갖지 못했다. 즉 경우에 따라 형태의 지적인 표현에서 다양한 선택이 포기되었던 것이다.

안전한 주거공간으로서의
기호언어는 살아 있다

포스트모던 건축에 이르러 다시 기호언어가 사용되기 시작했다. 근대 이전의 건축물에서 장식의 대명사처럼 쓰이던 기둥과 경사지붕이 다시 나타난 것이다. 그리스 신전의 상징은 단, 기둥, 그리고 경사지붕이다. 이러한 이미지는 과거 건물의 상징 중 하나이기도 하다. 포스트모던 건축이 한 걸음 물러선 것은 과거의 언어에 다시 순응하고자 함이었다. 좋은 예로, 필립 존슨이 설계한 뉴욕 〈AT&T 빌딩〉을 들 수 있다. 이 건물은 높이 100미터 이상의 마천루로 경사지붕을 가졌으며 지붕 가운데 커다란 구멍이 있는, 흔치 않은 모습을 하고 있다.(그림 [2-65] 참조)

"나의 집이 나의 성이다"라는 문구는 오늘날의 사회에서도 아직 유효하다. 대부분의 사람에게 주거에 대한 꿈은 '내 집 마련'을 통해 이루어진다. 자신만의 주택·정원 등 많은 사람들이 주거에 대한 꿈을 갖고 있다. 그러나 땅값과 건축비의 증가로 이러한 욕망은 소수의 사람들만이 쉽게 충족할 수 있는 것이 되었다.

19세기 이전에 사람들은 대가족을 형성하고 살았고, 집은 주거와 일을 함께 하는 공간이었다. 그러나 산업화가 시작되면서 주거공간과 작업공간이 분리되고, 그로 인해 공간이 줄어들면서 대가족이 해체되었다. 산업지역이 생기고 이를 주거지역과 연결해야 하는 과제가 발생하면서 수송을 위해 더 많은 땅이 필요해졌으며, 인구 증가로 인해 사람들은 점점 줄어드는 공간의 압박을 받게 되었다. 건축면적의 축소로 대규모 주거단지가 조성되고, 이로 인해 대량의 주거 소비가 발생했다.

자신만의 주택에 대한 꿈은 오늘날에도 존재한다. 충분한 공간의 개인의 주거, 개인 또는 공동체를 위한 건축물은 오늘날에는 매우 찾아보기 힘들다. 사생활을 보호하고 그 안에서 개인이 자유를 만끽해야 할 주거 공간을 투기업자들에 의해 빼앗기고 있는 것이다.

영화배경 속에서
다시 살아나는 건축

〈007〉〈배트맨〉

스토리가 존재하는 건축

영화나 소설을 읽다 보면 홍미진진한 내용에 끌려 세세한 주변 상황을 기억하기 힘들다. 그러나 영화감독이나 소설가는 충분한 상황 분석을 통해 내용의 이해를 돕고, 홍미를 유발하는 환경을 만든다. 배경이 과거라면 주변 상황도 당시 상황에 맞춰서 펼쳐질 것이다. 이 모든 것이 내용에 맞게 설정된다는 것을 우리는 알고 있다.

이 설정의 구성 능력이 곧 재미와 연관된다. 전문적인 모든 분야는 사실상 그 표현이 다르지 않다. 단지 표현에 사용하는 언어가 다를 뿐이다. 소설은 언어를 사용하고, 음악은 음표를 사용하고, 미술은 색채를 사용하고, 영화는 스크린을 사용하고, 건축은 형태를 사용할 뿐이다. 초기 단계에서 스토리를 구성하고 주제에 맞게 이야기를 만들어가는 것은 모두 마찬가지다. 즉 건축에도 스토리가 존재한다.

〈밀레니엄 돔〉과 〈빌바오 구겐하임 미술관〉

〈007〉과 〈배트맨(Batman)〉 시리즈, 이 두 영화를 떠올릴 때 이미지의 차이는 분명하다. 〈007〉과 〈배트맨〉의 재미는 화려한 액션과 다양한 무기가 주는 놀라움, 그리고 시리즈가 존재한다는 사실에 있지만, 두 영화는 분명히 다르다. 〈007〉은 주인공이 숱한 난관을 겪지만 분위기가 밝으며, 위기 상황을 헤쳐나가는 주인공의 모습도 다소 낙관적이다. 따라서 〈007〉의 영화 배경은 생동감 넘치는 현실공간이다. 이에 반해 〈배트맨〉의 분위기는 처음부터 끝까지 어둡고 음침하다. 〈배트맨〉의 시대적 배경은 주로 1950년대 또는 1960년대인데, 가끔 1940년대 거리의 모습도 보여준다.

두 영화 모두 줄거리는 우리의 기대를 만족시킨다. 그런데 영화 속에 등장하는 건축물을 본다면 감독의 아이디어와 그 배경을 더 잘 이해할 수 있을 것이다. 〈007〉 시리즈 중 〈007 언리미티드〉(19탄, The World Is Not Enough, 1999, 감독 마이클 앱티드)를 살펴보자.

〈007〉 영화의 특징대로 시작부터 격렬한 액션이 등장하는데, 007의 모터보트가 카페를 뚫고 템스 강으로 나가는 장면은 건축하는 사람들

을 다시 한 번 놀라게 할 것이
다. 바로 눈앞에 〈밀레니엄 돔
(Millennium Dome)〉이 펼쳐지기
때문이다.

6-20 | 로저스, 〈밀레니엄 돔〉, 영국 런던, 1999.

〈밀레니엄 돔〉은 영국 런던
남동부 그리니치 반도에 있는
세계 최대의 돔이다(공사 마무
리 1999년, 오픈 2000년 1월 1일, 전
시장 폐관 2000년 12월 31일).(6-
20) 이 돔은 리처드 로저스의
작품으로, 영국의 블레어(Tony
Blair) 수상이 2000년 새로운 세
기를 앞두고 야심차게 "Cool

6-21 | 〈007 언리미티드〉에 등장하는 〈빌바오 구겐하임 미술관〉.

Britanis(멋있는 영국)"라는 구호를 내걸면서 시간의 중심지라 여기는 런
던에 짓기 시작했다. 〈007 언리미티드〉가 개봉된 해가 1999년인데, 이
돔도 같은 해에 완성됐다. 밀레니엄 돔을 영화의 첫 장면에 등장시켰다
는 사실을 통해 이 건축물에 대한 영국 사람들의 애정을 엿볼 수 있다.

아직 오픈도 하지 않은 〈밀레니엄 돔〉이 화면에 등장한 것도 놀라운
일이지만, 영화 중간에 배경이 스페인으로 바뀌면서 일반 건축물 사이
로 등장하는 또 하나의 건물이 눈길을 끈다.(6-21) 바로 〈빌바오 구겐하
임 미술관(Guggenheim Museum Bilbao)〉이다.(그림 [1-27] 참조) 이 건물은
1997년 10월에 개관한 이후 아직 일반인들에게 널리 알려지지 않은 상
태였는데, 건축물이 도시 홍보에 중요한 역할을 한다는 점을 명확하게
증명했다. 스페인 하면 떠오르는 도시는 그렇게 많지 않는데, 이제 빌바

오(Bilbao)는 스페인 바스크 지방의 중심 도시로 부상하여 마드리드나 바르셀로나처럼 그 이름을 떨치게 되었다. 바로 〈빌바오 구겐하임 미술관〉 때문이다.

빌바오는 과거 철강으로 유명했던 도시지만, 도시산업이 점차 쇠퇴하면서 인구가 줄어들었다. 과거의 활발했던 모습이 사라지자 빌바오는 새로운 도시로 거듭나기 위해 결단을 내렸다. 그것이 바로 프랭크 게리의 〈빌바오 구겐하임 미술관〉 건립이었다. 예상보다 더 많은 공사비가 들어갔지만 준공 후 1년 만에 적자 예산을 흑자로 탈바꿈시켰는데, 이 점이 런던의 〈밀레니엄 돔〉과 비교된다(〈밀레니엄 돔〉은 연속 적자로 인해 개인에게 넘어갔다). 〈빌바오 구겐하임 미술관〉으로 빌바오는 세계적인 도시에 그 이름을 올렸으며, 관광도시로 거듭났다.

〈배트맨〉에 등장하는 아르데코 건물들

이렇게 다양한 건물이 등장해서 영화의 줄거리를 돕기도 하지만, 하나의 건축양식으로 전 시리즈를 이어가는 영화도 있다. 바로 〈배트맨〉 시리즈다. 시리즈의 첫 작품인 〈배트맨〉(1989, 감독 팀 버튼)에서 가장 인상적인 장면 중의 하나는 검사가 건물 앞에서 발표를 하는 모습이다.(6-22) 우리는 그 건물을 눈여겨보아야 한다. 배경은 미국의 1950년대 거리인데, 많은 미국 영화를 보아도 그렇게 어두운 1950년대는 드물다. 이것이 〈배트맨〉의 콘셉트다.

〈배트맨〉에 등장하는 도시의 이름은 '고담시(Gotham City)'인데, 『구약성서』에 나오는 범죄, 부패, 탐욕의 도시인 소돔과 고모라를 배경으로 했다고 한다. 그러나 이름 'Goth-am'에서 보듯 'Goth(야만인)'의 뜻도 있다. 그러한 도시에 배트맨 같은 사람이 필요함을 나타내는 영화다.

6-22 | 〈배트맨〉 영화 속에 등장하는 아르데코 건물.

영화의 주 배경은 뉴욕인데, 그 외에도 로스앤젤레스, 런던, 시카고, 도쿄, 홍콩 등도 등장한다. 그런데 이 영화에 등장하는 건물들은 다른 영화와는 많이 다르다. 〈배트맨〉의 스토리는 고담시라는 제한된 영역에서 주로 펼쳐진다. 그리고 자주 등장하는 배경은 경찰서 앞이다. 이 경찰서가 제단이나 신전이 아닐까 하는 의문을 갖는 관객도 있을 것이다. 다른 영화가 악을 응징하는 것을 주제로 한다면 〈배트맨〉은 범죄, 부패, 탐욕을 응징하는 것이 그 주제다.

이 주제에 적당한 배경이 될 수 있는 건물은 무엇일까? 어느 양식이 가장 적합할까? 〈배트맨〉의 원작자가 고민을 많이 했다는 것을 이 부분에서도 눈치챌 수 있다. 건축 역사상 많은 양식들이 지금도 이어오고 있는데, 의외로 한 양식만이 독자적인 위치를 고수하고 있다. 이 양식은 근대에 출현했음에도 불구하고 다른 양식과 차별화를 이룬다. 근대에 나온 건축이론들은 많은 부분에서 서로 혼합되어 있지만, 이 양식은 독특하게도 아르누보 외에는 연결점을 찾기 힘들다. 바로 '아르데코'다.

아르데코는 과거와의 결별을 강

6-23 | 악으로 비유된 아르데코 건물 사이의 배트맨.

하게 주장하던 시대에 독단적으로 과거의 것을 유지하고 동시에 현재가 주는 최대의 이점을 취했던 양식이다. 아마도 배트맨이 과거의 기억에서 벗어나지 못하는 모습들도 이 양식이 내포한 의미와 일맥상통하는 것으로 보인다.

아르누보가 곡선을 주장하고 근대에 이르러 대칭을 배제하며 장식을 죄악시하던 것과는 달리 아르데코는 직선을 마치 훈장처럼 달고 다니며 좌우대칭을 건물의 전면에 부각시켰다. 오히려 권위적인 모습을 강하게 드러내며, 근대가 주는 경제적인 이점과 기술적인 부를 모두 가진 신흥 귀족 부르주아 세력을 최대한 부각시키려는 특징을 보였다.

아르데코는 시민 세력에 물러난 귀족 세력이 아직 건재하다는 사실을 근대에 보여준 최후의 보루로, 후에 포스트모더니즘에 자리를 내어준다. 근대에 이러한 아르데코 건물들은 악에 비유되곤 했다. 이에 맞서는 영웅이 근대에는 차라투스트라였고, 현대에는 바로 배트맨인 것이다.(6-23)

그런데 근대에는 경제적인 부를 나타내는 건물이 없었다. 왜냐하면 근대 자체가 프롤레타리아 운동의 시대였기 때문이다. 그래서 부의 상징으로서 아르데코 건물이 필요했던 것이다.(6-24, 6-25)

6-24, 6-25 | 고담시 그래픽(왼쪽), 그 배경이 된 시카고 〈트리뷴 타워(Tribune Tower)〉(오른쪽).

아르데코 건물은 그렇게 많지 않다. 미국의 경제적인 상징으로서 뉴욕과 시카고에 다수 세워져 있지만 다른 양식에 비해 널리 확산되지는 않았다.

이렇듯 영화 속에 등장하는 건축물들도 영화의 질에 영향을 미칠 수 있으며, 또한 재미를 더할 수 있다. 영화뿐 아니라 광고 또는 드라마에서 감독들이 좋은 배경을 갖기 위해 건축물을 다양하게 활용하고 있음을 염두에 둔다면 그 작품을 더 잘 이해할 수 있을 것이다.

건축의 상징을
영화로 녹여내다

〈인터내셔널〉

〈인터내셔널〉 영화 속의 베를린 중앙역

　　　　　　　　　〈인터내셔널(The International)〉(2009, 감독 톰 티크베어)
은 주인공 루이(클라이브 오웬)가 긴장된 표정으로 차 안에서 대화하는 두
남자를 응시하며 시작된다. 허름한 코트를 입은 주인공의 옷차림이 그
의 상황을 대충 짐작하게 한다. 차에서 내린 토머스 슈머(이안 버필드)가
얼마쯤 걸어오다 쓰러지자 루이는 그쪽으로 달려가며 상황의 급박함을
알린다. 이 짧은 상황에서 토머스 슈머 뒤에 있는 건물을 본 사람도 있

을 것이다. 영화의 시작 단계에서 감독
은 주인공을 클로즈업하기 전에 토머
스 슈머 뒤의 건물을 뚜렷하게 비추면
서 건물 이름을 알리려 했다. 건물에는
'Berlin Hauptbahnhof(베를린 중앙역)'라
고 쓰여 있다.(6-26) '베를린'이라는 단

6-26 | 〈인터내셔널〉 영화 속의 〈베를린 중앙역〉.

어에서 우리는 영화 속 장소가 어디인지 알 수 있다.

이 영화는 제작비의 상당 부분을 건물을 빌리는 데 썼을 정도로 건축
물의 비중이 크다. 다른 분야와 마찬가지로 건축을 하는 사람들도 다양
한 예술작품을 경험하는 것이 좋다. 특히 영화나 드라마에 등장하는 건
축물을 시청자의 입장에서 본다면 훨씬 유익할 것이다. 건축물을 바라
보는 다른 사람의 관점을 이해하는 것은 매우 중요한 일이다.

베를린은 독일이 분단되기 전의 수도로, 1990년 10월 3일 통일되기 전
까지는 장벽으로 분리되어 있었다. 동베를린은 동독의 수도였고, 서베
를린은 서독의 주였다. 통일 후 베를린은 통일독일의 수도가 되었으며,
그곳에서 찬란했던 시절
의 자존심을 되찾으려는
노력들이 이어졌다. 그중
의 하나가 바로 중앙역이
다. 독일은 대부분의 도
시가 중앙역을 갖고 있
다. 중앙역이 존재한다는
것은 작은 역도 있다는
뜻이다. 도시의 크기에

6-27 | 폰 게르칸 건축설계사무소, 〈베를린 중앙역〉, 2006.

따라서 중앙역의 위치가 다른데, 인구 50만 이상의 도시는 중앙역이 도시 한가운데 위치하고, 그렇지 않은 도시는 중앙역이 도심에서 벗어나 있다. 대도시의 중앙역 대부분은 근대에 만들어진 철골구조로 역사적인 형태를 유지하고 있는 반면, 〈베를린 중앙역〉은 7년여에 걸쳐 만들어져 2006년에 준공되었다.(6-27)

〈베를린 중앙역〉은 폰 게르칸 건축설계사무소(von Gerkan, Marg und Partner, GMP)에서 설계한 것으로, 유명한 건축가로 알려진 게르칸의 작품을 영화 속에서 볼 수 있다는 것은 좋은 기회다. 베를린은 통일 이후 세계적인 도시로 거듭나기 위해 세계적인 건축가들을 초빙해 많은 건축물을 지었다.

중앙역은 교통수단 외에 또 하나의 기능을 갖고 있는데, 바로 도시의 모든 것을 함축한 첫 얼굴과 같은 역할을 한다. 단순한 기차역이 아니라 소도시의 기능을 하고 있는 것이다. 영화의 제목처럼 유럽의 모든 열차가 통과하는 국제적인(international) 역으로서 감독은 이곳을 첫 출발지로 삼았다. 이후에도 많은 건축물이 등장하지만 배경이 뉴욕으로 옮겨가면서 건축물의 등장도 정점을 찍는다.

〈인터내셔널〉 영화 속의 〈솔로몬 R. 구겐하임 미술관〉

영화 속에서 주인공이 뉴욕에서 가브리엘 한센이란 사람을 미행하던 중 모퉁이를 돌자 나타난 둥그렇고 하얀 건물을 보고 놀란 사람도 있을 것이다. 그 건물은 너무나도 유명한 건축가 프랭크 로이드 라이트의 작품인 〈솔로몬 R. 구겐하임 미술관(Solomon R.

6-28, 6-29 | 라이트, 〈솔로몬 R. 구겐하임 미술관〉, 미국 뉴욕, 1959.

Guggenheim Museum)〉이다. (6-28, 6-29)

1912년 철강왕 벤저민 구겐하임(Benjamin Guggenheim)이 타이타닉 호 침몰 사고로 사망한 후 상속자 페기 구겐하임(Peggy Guggenheim)은 세계 의 미술품을 수집하고, 미술가들의 후원자가 되었다. 그 후 그녀의 삼촌 솔로몬 R. 구겐하임이 조카가 수집한 미술품을 전시하기 위해 미술관을 설립했는데, 그것이 바로 뉴욕에 있는 〈솔로몬 R. 구겐하임 미술관〉이 다. 영화 속 미술관 건물에서 라이트의 섬세하고 정제된 디자인을 엿볼 수 있다.

〈솔로몬 R. 구겐하임 미술관〉은 1959년에 완공되었는데, 라이트는 이 건물을 설계하면서 "나는 이 건물이 기념비적인 것이 되기를 원했다(I want a temple of spirit, a monument!)"라는 말을 남겼다. 기존의 미술관의 개 념을 바꾸어놓은 건물로, 건축에 관심 있는 사람들에게 이 건물은 오히 려 영화 내용보다 더 흥미로운 소재다. 이 건물 또한 다른 유명한 건물과 마찬가지로 촬영이 쉽지 않다.

그런데 영화 속에 이 건축물을 총으로 난사해 벌집으로 만들어놓는 장 면이 나온다. 이는 실로 엄청난 장면이다. 관리자가 곳곳에 배치되어 있 고 조용하고 정숙하게 관람하는 모습을 떠올리게 하는 그곳이 총기로

마구 파괴되는 것을 보면서, 우리는 저것이 영화이고 진짜가 아니라는 것을 알면서도 충격을 감추지 못한다. 그런데 그것이 감독이 관객에게 기대했던 효과인지도 모른다. 실제 상황이 아니라곤 하지만, 명품과 같은 건축물이 파괴되는 데서 비롯되는 충격은 결코 가볍지 않기 때문이다.

영화의 줄거리만 따라가는 것이 아니라 배경 곳곳에 엿보이는 감독의 의도를 이해하면 내용을 더 잘 이해할 수 있고 시야도 넓힐 수 있다. 이를 3차원적인 관찰법이라고 한다.

〈인터내셔널〉은 제작비가 상당히 많이 투입된 영화인데, 영화의 흥행을 떠나서 적절한 건축물을 선별하고 배치한 감독의 안목과 지식에 박수를 보낸다.

건축과 영화는
서로 닮았다
〈건축학개론〉

추억의 매개체로서의 건축

모든 전공 학문에는 개론이라는 과목이 있다. 철학 개론, 심리학개론 등등, 이는 말 그대로 한 학문의 개괄적인 이론을 배우는 과목이다. 깊이 있지도 않지만 얕지도 않고, 그 전공 학문에서 알아야 할 내용들을 일단 맛보기처럼 배우는 과목이다. 영화 〈건축학개론〉(2012, 감독 이용주)의 제목은 건축학도들에게는 흥미를 불러일으키기에 충분하지만 다른 관객들에게는 어떨까 하는 의문이 든다. 그렇다면 이 영화의

6-30 | 〈건축학개론〉에 등장하는 제주도 서연의 옛집.

제목이 왜 '건축학개론'일까?

건축에 관한 학문에는 건축공학과 건축학이 있다. 자세히 설명하기는 조금 복잡하지만, 간단히 말하면 5년제라면 건축학 전공이다. 영화는 제주도 서연의 옛집을, 두 주인공 승민과 서연이 함께 다시 지어가는 동안 기억의 조각들을 하나하나 맞춰가면서 현재의 감정들을 쌓아가는 과정을 적절하게 섞어가며 진행된다.

제주도 서연의 옛집인 벽돌집 같은 구조를 통틀어 조적식(組積式) 건물이라 한다.(6-30) 조적식 건물은 말 그대로 벽돌을 하나하나 쌓아가는 것이 특징이다. 모던하지만 감성적인 분위기를 자아내기가 힘든 철근콘크리트 건물과 달리, 벽돌은 표현에 따라 영화의 분위기를 반영할 수 있다. 이는 독일 표현주의 건축에서 벽돌이 많이 사용된 이유이기도 하다. 비록 건축에 관련한 구체적인 내용을 자세히 알지는 못해도, 벽돌 질감의 표현 자체가 관객에게 전달되는 형태언어인 것이다.

건축설계는 초기 단계가 매우 중요하다. 이 단계에서 수집한 정보들을 모아 하나의 형태를 만들어가는 것이 바로 건축설계다. 영화의 시작 부분에서 정리되지 않은 집이 등장하고, 15년의 시간을 거슬러 올라가 마치 조각을 맞추듯이, 건축 전문가는 전문가 입장에서, 의뢰인은 의뢰인 입장에서, 영화감독도 자신의 위치에서 이야기를 만들어간다. 정리되지 않은 집 안, 포장되지 않은 마당, 어릴 적 지내던 방 등이 건축설계를 하기 전 정리되지 않은 작업 요소를 의미하는 듯하다.

특히 두 주인공이 함께 시간을 보냈던 서촌의 한 빈집은 6·25전쟁 이후 우리의 도시 가옥을 보여주는 좋은 예이기도 하다.(6-31) 전원 속의 집들은 울이라는 테두리를 지나 마당을 거쳐 집 안으로 들어가지만, 사실상 시각적으로 개방된 상태를 보인다. 반면 도시의 집들은 대문을 사이에 두고 시각적·물리적으로 내부와 외부가 완벽하게 분리된 영역을 갖고 있음을 보여준다. '중정식(中庭式)'과 같은 울을 갖고 작은 마당을 두어 공동의 영역으로 사용되던 과거의 주거 형태임을 잘 보여주었다.

영화 속 빈집은 제주도와 서울을 잇는 매개체로 작용할 뿐만 아니라 과거와 현재를 잇는 역할도 수행한다. 이 한옥 빈집에서 두 사

> **중정식**
> 도시형 전통한옥들은 대부분 마당 한가운데를 중심으로 방과 대문 들로 배치되어 있는데, 이렇게 건물 중앙 부분이 정원·공지 등으로 비워져 있는 구조를 말한다.

람의 관계가 발전되는데, 뒤이어 개포동의 어느 콘크리트 건물이 등장하면서 묘한 대비를 보인다. 저 멀리 많은 아파트가 보이는 장면까지 비치면서 앞으로 이 도시에서의 삶이 만만치 않음을 암시한다.(6-32) 한옥의 이미지는 정서적인 안정감을 보이는 반면, 콘크리트와 수많은 아파트는 다소 혼란스러움을 보여준다. 다만 그림 〔6-32〕에서 보듯 당시 건물에 옥상정원을 꾸밀 만한 기술이 없었다는 게 옥에 티라고 할까?

6-31 | 〈건축학개론〉 영화 속에서 빈집으로 등장하는 서촌 한옥마을의 한옥.

6-32 | 〈건축학개론〉 속 서울 개포동의 모습을 바라보는 장면에서 보이는 옥상정원.

6-33 | 개조한 서연의 제주도 집.

영화와 함께 다시 태어난 건축

영화 말미에 등장하는 개조된 서연의 제주도 집을 보고, 특히 바다가 훤히 내다보이는 창문에서 사람들은 시원함을 느꼈을 것이다. 감독은 영화의 흐름에 따라 그 건물의 개조를 건축가 구승회와 함께 진행했다고 한다. 크지도 화려하지도 않은 건물에 무엇으로 포인트를 줘야 할까 고민했다고 하는데, 커다란 창문은 단연 압권이었다.(6-33)

우리 환경 속에서 창은 일반적으로 조각나 있다. 그래서 우리가 바라보는 밖의 시야도 늘 분해될 수밖에 없는데, 여기서 등장하는 창은 통으로 되어 있어 저 너머 바다를 파노라마처럼 볼 수 있다는 게 신선했다.

영화 속 창문과 같이 바깥의 경치를 보기 위해 만든 큰 붙박이창을 전문용어로 '픽처 윈도(picture window)'라고 하는데, 영화 속에서처럼 수평으로 길게 설치하는 것은 사실 구조적으로 쉬운 일이 아니다. 중간에 지지대가 없기 때문이다.
그러나 픽처 윈도는 내
부와 외부의 차단, 방음,
단열효과 외에 바깥의
경치를 볼 수 있다는 창
문의 또 다른 기능을 잘
수행한다.

6-34 ｜ 창과 현관이 가까운 서연의 제주도 집.

  또한 개조된 서연의 집 내부를 보면 창의 위치가 현관과 가까운 것을
알 수 있는데 이는 아주 좋은 배치다.(6-34) 현관은 일반적으로 어둡기
때문에, 현관 옆에 큰 창문을 낸 것은 내부로 빛을 받아들여 심리적으로
안정된 상황을 만드는 좋은 결정으로 보인다.

주석

Chapter 2
건축에 반영된 미술사, 미술사에 반영된 건축
1 | 진경돈 편저, 『서양근대건축사』, 도서출판 서우, 2005, p.84.

Chapter 3
도시를 창조한 건축, 사회를 이해하는 척도
1 | Frank Lloyd Wright, *The future of Architecture*, New York, 1970(1953), p.322(J. Guetter 독일어 번역).

2 | Jean-Louis de Canival, *Aegypten*, Friburg, 1964, p.132.

3 | Luigi Snozzi, "Architektur als Formproblem", *Werk, Bauen und Whonen*, 12/1978, p.494.

4 | *Ibid.*

5 | Sibyl Moholy-Nagy, *Die Stadt als Schicsal*, Muenchen, 1970, p.19(originaltitel: *Matrix of man–An Illustrated History of Urban Enviroment*, New York, 1968).

6 | 『범죄예방을 위한 환경설계의 제도화 방안(*How to Institutionalize CPTED in Korea(I)*)』, 한국형사정책연구원(KIC), 2008, p.195.

Chapter 5
철학 · 미학 · 심리학적 질문으로 완성되는 건축
1 | Romaldo Giurgolas, "A propos de L. Kahn", *L'architecture d'aujourd'hui*, 2/1969(번역: J. Gruetter).

2 | Piere Luigi Nervi, *Estetics and technology in building*, Cambidge, Mass, 1965,

p.187.

3 | Vitruv, *10 Buecher ueber Architektur*, Darmstadt, 1981(ca. 30 vor CHR.), p.45.

4 | Hans H. Hofsteatter, *Gotik*, Fribourg, 1968. p.43.

5 | Goethe, *Schriften zur Kultur*, Zuerich, 1965(1772), p.21.

6 | Peter F. Smith, *Arhitektur und Aesthetik,* Stuttgart, 1981, p.208(originaltitel: *Architecture and the Human Dimention*, London, 1979).

7 | Frank Lloyd Wright, in einem Ausstellungskatalog, 1860-1951(in : *Humano Architektur*, Berlin, 1969, p.65).

8 | Hans Christoph von Tavel, *Die sprache der Geometrie*, Bern, 1984, p.14.

Chapter 6

문화 전달자로서의 건축, 건축의 상징을 녹여내는 영화

1 | Romaldo Giurgola, *Louis I. Kahn*, Zuerich, 1979, p.34.

2 | Hans Hollein, "Absolute Architektur", 1962(in *Programe und Manifeste zur Architektur des 20. Jahrhunderts*, Braunschweig, 1981, p.174).

3 | Hermann Muthesius, "Werkbundziele", 1911(in *Programe und Manifeste zur Architektur des 20. Jahrhunderts*, Braunschweig, 1981, p.24).

4 | Hans Hollein, "Absolute Architektur", p.174.

5 | Nikolaus Pevsner, *Europaeische Architektur*, Muenchen, 1967, p.22.

6 | Le Corbusier, *Ausblick auf eine Architektur*, Berlin, 1969, p.76(originaltitel: *Vers une Architecture*, Paris, 1923).

7 | Frank Lloyd Wright, "Style in Industry", Vorlesungen in Princeton, 1930 〔(in *The Future of Architecture*, New York, 1970(1953), p.107)〕(translation: J. Gruetter).

8 | Le Corbusier, "Fünf Punkte zu einer neuen Architektur", 1926(in *Programme und Manifeste zur Architektur des Jahrhunderts*, Braunschweig, 1981, p.94).

찾아
보기

융합과 통섭의 지식 콘서트 02

건축, 인문의 집을 짓다

초판 1쇄 발행 | 2014년 2월 5일
초판 4쇄 발행 | 2022년 5월 25일

지은이 | 양용기
펴낸이 | 홍정완
펴낸곳 | 한국문학사

편집 | 이은영
영업 | 조명구 신우섭
관리 | 황아롱
디자인 | 석운디자인

04151 서울시 마포구 독막로 281 (염리동) 마포한국빌딩 별관 3층

전화 706-8541~3 (편집부), 706-8545 (영업부) 팩스 706-8544
이메일 hkmh73@hanmail.net
블로그 http://post.naver.com/hkmh1973
출판등록 1979년 8월 3일 제300-1979-24호

ISBN 978-89-87527-35-2 03540